BIBLIOTHÈQUE PHOTOGRAPHIQUE.

MANUEL D'HÉLIOGRAVURE ET DE PHOTOGRAVURE EN RELIEF

PAR

M. G. BONNET,

CHIMISTE,

PROFESSEUR A L'ASSOCIATION PHILOTECHNIQUE.

PARIS,

GAUTHIER-VILLARS ET FILS, IMPRIMEURS-LIBRAIRES,

ÉDITEURS DE LA BIBLIOTHÈQUE PHOTOGRAPHIQUE

Quai des Grands-Augustins, 55.

1890

MANUEL
D'HÉLIOGRAVURE
ET DE
PHOTOGRAVURE EN RELIEF.

Paris. — Imp. Gauthier-Villars et fils, 55, quai des Grands-Augustins.

HÉLIOGRAVURE

de M. Poirel.

Frontispice. Cliché Van Bosch (Boyer, successeur)

BIBLIOTHÈQUE PHOTOGRAPHIQUE.

MANUEL
D'HÉLIOGRAVURE
ET DE
PHOTOGRAVURE EN RELIEF

PAR

M. G. BONNET,

CHIMISTE,

PROFESSEUR A L'ASSOCIATION PHILOTECHNIQUE.

PARIS,

GAUTHIER-VILLARS ET FILS, IMPRIMEURS-LIBRAIRES,

ÉDITEURS DE LA BIBLIOTHÈQUE PHOTOGRAPHIQUE

Quai des Grands-Augustins, 55.

1890

PRÉFACE.

Les remarquables travaux de Poitevin sur l'influence des rayons lumineux sur la gélatine bichromatée ont donné naissance à tous les procédés photographiques actuels de reproduction industrielle.

En 1826, Niepce de Saint-Victor découvrait la sensibilité du bitume de Judée à la lumière, et fondait sur cette action le premier procédé de reproduction héliographique. Mais lui et ses successeurs dans ces études devaient être dépassés par Poitevin dont les travaux ont donné naissance à la Photographie au charbon, à la Photoglyptie, à la Zincographie, à l'Héliographie, à la Photogravure et à la Phototypie.

Les travaux de Garnier, qui, avec son procédé aux poudres, donnait un nouvel essor à la Photogravure en creux, n'ont pas peu contribué à faire employer ce procédé, car l'application simultanée de sa méthode et de celle de Poitevin donne des résultats merveilleux.

Nous n'entrerons pas ici, dans ce volume qui n'est qu'un Manuel, dans les détails des recherches successives des savants qui sont venus apporter chacun leur contingent de découvertes aux applications photographiques, et nous décrirons seulement les procédés actuels, de façon à permettre à un opérateur habile et soigneux d'obtenir des reproductions fines et artistiques, soit en creux, soit en relief.

L'action de la lumière sur diverses substances susceptibles de former à la surface des planches métalliques soit des réserves inattaquables par les acides, soit des écrans perméables proportionnellement à l'action de la lumière, permet d'arriver à produire directement, avec le concours de la Photographie, des planches gravées en creux ou en relief, sans que les outils du graveur aient aucunement à intervenir, sauf pour le cas de quelques retouches.

De l'application de ce principe est née une industrie d'art aujourd'hui fort importante, ne s'occupant exclusivement que de Photogravure (gravure en relief) ou d'Héliogravure (gravure en creux), résultats qui s'obtiennent à peu de chose près par les mêmes moyens.

Nous indiquerons dans le cours de ce Manuel en quoi consistent les deux divisions principales, l'Héliogravure et la Photogravure, et comment on peut obtenir sûrement des planches des deux espèces.

G. BONNET.

TABLE

DES FIGURES DANS LE TEXTE.

PLANCHES HORS TEXTE.

MANUEL
D'HÉLIOGRAVURE
ET DE
PHOTOGRAVURE EN RELIEF.

CHAPITRE I.

Nécessité d'opérer avec une image positive. — L'Heliogravure est, comme son nom l'indique, l'art d'obtenir photographiquement, c'est-à-dire par l'action de la lumière, une gravure susceptible de donner à la presse des épreuves abondantes et rappelant par leur aspect celles qui sont dues au burin du graveur, ou à la morsure de l'acide dans le procédé dit à l'*eau-forte*.

On a fait une différence entre les mots Héliogravure et Photogravure, bien que leurs étymologies leur fassent dire la même chose : le premier indiquant une planche en creux, et le second une planche en relief.

L'image obtenue sur cuivre pour l'impression héliographique doit être, comme pour la taille-douce, en creux dans les noirs, afin de retenir l'encre, et les blancs doivent être formés par le cuivre poli à nu. Ce sont donc les blancs qui doivent être préservés de l'action de l'acide par l'influence de la lumière sur la gélatine bichromatée.

Si nous plaçons une planche préparée avec de la gélatine bichromatée derrière un négatif ordinaire, et que nous l'exposions à l'influence du jour, les parties opaques du cliché préserveront la gélatine placée derrière elles de l'action de la lumière, et les parties transparentes permettront au contraire l'insolation de la couche. Alors, que se passera-t-il à la morsure? Les parties non insolées, c'est-à-dire les blancs de l'original, auront conservé à la gélatine toute sa perméabilité, et l'agent mordant attaquera le cuivre en ces endroits. Le cuivre se dépolira, il se produira un creux. Au moment de l'encrage, cette cavité se remplira d'encre et déposera au tirage cette encre sur le papier, de manière à former un noir là où l'original présente un blanc, et inversement. De telle sorte que, en employant un négatif, nous aurons une épreuve également négative, où les blancs seront noirs, et les noirs, blancs.

Si, au contraire, nous nous servons d'un positif, la partie opaque qui sera les noirs de l'original préservera la gélatine sous-jacente, et, lors de la morsure, nous aurons sur la planche une épreuve normale où les noirs seront noirs, et les blancs, blancs.

On voit donc qu'il est de toute nécessité d'employer un positif. Si nous nous proposions de faire une planche en relief, comme en Photogravure, il serait nécessaire de se servir d'un négatif. Car alors, comme on le verra à la fin de ce Manuel, la planche imprimante ne prend l'encre que dans ses reliefs qui viennent seuls s'imprimer sur le papier au tirage.

Cette nécessité d'employer un positif pour l'Héliogravure a son bon côté. Bien que l'on soit tenu, ayant un cliché, à allonger les opérations préliminaires en faisant son positif, ce positif une fois obtenu, l'amateur, ou même l'héliograveur de profession, se rendra mieux compte de son travail et de la finesse des détails avec une image normale. Partant de là, il pourra se livrer sur ce positif à une retouche plus certaine que lorsqu'il a affaire à un négatif.

Cette remarque, qui est surtout vraie pour certains clichés difficiles à juger, a son importance pour ceux qui ne sont pas très familiarisés avec l'aspect des négatifs, car on se trouve quelquefois dans l'incertitude à propos du rendement d'un cliché par rapport à l'épreuve qu'on en obtiendra.

Considérations générales sur les images positives destinées à l'Héliogravure.—L'image positive destinée à la formation de la planche d'Héliogravure doit être très bonne. Elle doit présenter par transparence tous les détails dans les noirs, et les blancs doivent être très transparents. Il est bon, soit qu'on ait affaire à un positif sur gélatino-bromure, soit sur collodion, de retoucher ce positif à l'encre de Chine dans les noirs, et de gratter les lumières les plus éclatantes, de façon à n'avoir que le verre du positif dans les blancs du dessin.

Cependant, l'on comprendra facilement qu'un positif bien venu du premier coup sera toujours supérieur à toutes les retouches que l'on pourra faire sur un positif médiocre. Comme on peut toujours recommencer facilement un positif, il sera nécessaire de ne se servir que de quelque chose d'excellent. Il est bien entendu que le cliché primitif joue ici un rôle prépondérant, et bien qu'on puisse quelquefois obtenir de bons positifs d'un cliché médiocre, il sera toujours préférable d'opérer avec de bons clichés.

Lorsque le cliché primitif sera sur une plaque au gélatinobromure, on ne pourra pas toujours en obtenir un positif par contact, à cause de la planimétrie défectueuse que présentent ces plaques en général. Il y aurait alors défaut d'adhérence entre les deux plaques, et certaines parties du positif pourraient présenter du flou. On serait alors obligé de recourir à un autre mode d'opération. On ferait un positif à la chambre, au collodion ou au gélatino, sur une glace plane, ou un positif au charbon que l'on transporterait sur glace.

CHAPITRE II.

Différentes manières d'obtenir les positifs. — On peut obtenir les images positives destinées à l'Héliogravure d'un grand nombre de manières. Voici les principales :

Positifs à la chambre,
Positifs par contact au gélatinobromure,
Positifs par contact au collodion sec (tannin),
Positifs au collodion-chlorure,
Positifs au charbon,
Positifs par transformation directe du négatif,
Positifs à la tour.

Nous allons donner quelques détails sur chacun de ces procédés.

Positifs à la chambre. — Les positifs à la chambre se font de la manière suivante. On place l'objectif entre les deux parties du soufflet de la chambre; la plupart des chambres sont disposées de façon à permettre cette disposition. On place le cliché à l'extrémité du soufflet, à l'endroit où se trouve d'ordinaire l'objectif. On doit faire attention à ce que le côté du collodion ou de la gélatine qui forme le cliché se trouve à l'intérieur, c'est-à-dire directement opposé à l'objectif. On vise alors avec l'appareil un verre dépoli bien éclairé placé derrière le cliché, et l'image vient se faire sur le dépoli de la chambre.

On opère alors comme si l'on avait à faire un négatif ordinaire, soit qu'on emploie le collodion, soit qu'on use du gélatinobromure. Il faut seulement avoir égard au temps de pose, qui est en général beaucoup plus court que pour la reproduction d'un objet ou d'un dessin dans l'atelier.

Voici une formule de collodion qui donne de très bons résultats pour la demi-teinte :

Coton azotique..................	10gr
Iodure de potassium...........	1
Iodure d'ammonium...........	4
Iodure de cadmium............	3
Bromure de cadmium..........	3
Bromure d'ammonium..........	3
Eau........................ ..	20cc
Alcool........................	400
Éther.........................	600

Pour le trait, la formule se trouve un peu modifiée et devient la suivante :

Coton azotique..................	10gr
Iodure de potassium...........	3
Iodure d'ammonium...........	3
Iodure de cadmium............	4
Bromure de cadmium..........	3
Bromure d'ammonium..........	3

Eau	20^{cc}
Alcool	400
Éther	600

On développe et l'on fixe comme d'habitude.

Positifs par contact au gélatinobromure. Positifs par contact au collodion sec (tannin). — Dans le cabinet obscur éclairé seulement de lumière rouge, on introduit dans un châssis-presse ordinaire le cliché dont on veut obtenir un positif. On le place gélatine ou collodion en dessus, et contre lui on applique la plaque sèche, soit collodion, soit gélatinobromure. On recouvre le tout d'un foulage en feutre ou en papier et l'on ferme le châssis. On cache la glace du châssis à l'aide d'une feuille de carton, puis on le transporte dans une partie peu éclairée de l'atelier. Alors on découvre la glace du châssis, et on laisse le cliché exposé à la lumière diffuse pendant une ou deux secondes, suivant l'intensité de la lumière. On rentre alors dans le laboratoire, on ouvre le châssis et l'on développe la plaque. Si c'est une plaque de gélatine, on la développe par les moyens ordinaires, soit par le fer, soit par l'acide pyrogallique, soit par l'hydroquinone.

CHAPITRE III.

Procédé au tannin. — Voici comment on prépare et comment on développe les plaques au collodion sec, par le procédé au tannin.

Préparation des glaces. — On couvre les glaces d'une couche préalable afin d'augmenter l'adhérence du collodion au verre. Or, comme dans les procédés à sec, le développement est généralement long et laborieux, cette adhérence doit être beaucoup plus considérable que dans le collodion humide.

La meilleure couche préservatrice est une solution de 2^{gr} de caoutchouc naturel dans 100^{cc} de bonne benzine (cristallisable) et 50^{cc} de chloroforme. Ce liquide filtré [1] est versé sur les glaces décapées et nettoyées comme à l'ordinaire. On procède comme lorsqu'on verse le collodion, et on laisse bien sécher la couche avant d'y étendre le collodion.

---

[1] Ce filtrage s'exécute facilement sur une étoffe fine en soie.

Ces glaces se conservent plusieurs mois dans des boîtes à rainures. On les essuie simplement avec un blaireau avant de s'en servir.

On peut remplacer le caoutchouc par de l'albumine diluée dans quatre ou cinq fois son volume d'eau. Quelques praticiens ont recommandé la gélatine, mais nous préférons l'albumine ou le caoutchouc.

On obtient aussi de bons résultats en talquant préalablement la glace.

Nature du collodion. — Le coton azotique que l'on doit employer dans le collodion sec doit être de la variété intense. On doit, pour le procédé sec, ajouter au collodion d'autant plus de bromure qu'on le veut plus rapide. On peut même n'y mettre que du bromure, à condition de se servir exclusivement du développement alcalin.

FORMULE I

Pour le développement à l'acide pyrogallique et à l'argent, ou le développement alcalin suivi du développement à l'argent :

Alcool à 40°	500cc
Éther	500
Coton-poudre	20gr
Iodure de potassium	4
Iodure de cadmium	4
Bromure de zinc	8

Le coton-poudre et l'iodure sont introduits dans l'alcool, puis agités fortement. On ajoute le bromure et une fraction de l'éther. On agite de nouveau et l'on met le reste de l'éther. On ferme le flacon et on secoue fortement pendant plusieurs minutes.

FORMULE II

Pour le développement alcalin, suivi, s'il est nécessaire, du développement à l'argent.

Alcool à 40°	500cc
Éther	500
Coton-poudre	20gr
Bromure de zinc	20

Avant d'utiliser ces collodions, il faut les laisser reposer quinze jours et même davantage.

Sensibilisation et application du tannin. — Les glaces recouvertes de collodion sont immergées, comme à l'ordinaire, dans le bain d'argent sensibilisateur, et doivent y rester d'autant plus longtemps que le collodion contient plus de bromure.

Pour le procédé humide, on peut retirer la glace au bout de deux minutes de séjour dans le bain d'argent. Pour le procédé sec, il faut au moins dix minutes de sensibilisation.

Une fois la glace sensibilisée, on la rince à l'eau et on la laisse séjourner quelques minutes dans une grande cuve remplie d'eau. On la plonge alors dans une cuvette contenant une solution filtrée de :

Eau..........................	1 lit
Tannin........................	50 gr
Alcool........................	50 cc

Le tannin est d'abord dissous dans l'eau et filtré. On ajoute alors l'alcool, qui empêche la décomposition du tannin et lui permet de pénétrer plus facilement la couche de collodion.

La solution de tannin peut servir assez longtemps, en ayant soin d'en ajouter de temps en temps pour remplacer celui qui a été enlevé par les glaces.

Au bout de cinq minutes de séjour dans le bain de tannin, la glace est placée debout contre le mur, la face collodionnée à l'air libre et non pas contre le mur.

Quand on a préparé ainsi le nombre de glaces que l'on désire, on les place toutes dans une boîte fermée, contenant du chlorure de calcium sec, et l'on n'ouvre la boîte que douze à quinze heures après, lorsque les glaces sont bien sèches.

Il faut bien se garder de les chauffer pour les bien sécher. Il faut que la dessiccation ait lieu spontanément et régulièrement, sous peine d'avoir des inégalités dans le développement.

Nous n'avons préparé ces glaces que dans le but d'obtenir des positifs par contact ; elles sont néanmoins fort bonnes pour obtenir des reproductions, si l'on tient compte de ceci, que le temps de pose est environ huit fois plus long qu'avec le collodion humide. Avec le développement alcalin et le collodion bromuré, il n'est guère que trois fois plus lent.

Développement à l'acide pyrogallique. — Après avoir exposé la glace dans le châssis-presse, derrière le cliché, pendant une ou deux secondes à la lumière diffuse (ce temps dépend entièrement de la nature du cliché et de l'intensité de la lumière), on retire la glace du châssis ; on passe sur ses bords, avec un pinceau ou un tampon de ouate, un vernis formé de 1 partie de caoutchouc dans 50^{gr} de benzine, pour empêcher les liquides de pénétrer sous la glace.

Ce vernis sèche immédiatement. On verse alors sur la glace un mélange en parties égales d'eau et d'alcool, et on lave abondamment sous le robinet.

On a préparé les solutions suivantes que l'on filtre avec soin :

1.	Acide pyrogallique............	1^{gr}
	Acide acétique cristallisable....	1
	Eau distillée..................	300^{cc}
2.	Eau distillée..................	50^{gr}
	Acide citrique................	1
	Nitrate d'argent..............	1

On doit préparer ces solutions presque au moment de s'en servir, parce que la première brunit au bout de quelque temps, et la seconde cristallise.

On couvre deux ou trois fois la glace de solution n° 1, en recueillant l'excès de liquide dans le verre qui a servi à la verser.

On ajoute alors deux ou trois gouttes de la solution n° 2, et l'on promène le liquide sur la glace à l'aide d'un mouvement de bascule. Au bout d'une minute environ, les fortes lumières apparaissent légèrement. (S'il s'agit d'un positif, ce sont, bien entendu, les ombres qui apparaissent les premières.) Si l'image apparaissait trop vite, la pose aurait été beaucoup trop longue, et l'on recouvrirait la glace de liquide n° 1 neuf, additionné d'au moins dix gouttes d'argent.

Si, au contraire, l'image vient trop lentement, on se sert d'acide pyrogallique avec très peu d'argent.

On continue de cette manière jusqu'à ce que l'image obtenue soit bien complète. Ce développement peut durer une dizaine de minutes, et l'on fixe à l'hyposulfite de soude.

Développement alcalin. — On prépare les solutions suivantes :

1.	Bromure de potassium.........	4gr
	Eau distillée..................	100
2.	Acide pyrogallique......... ..	1gr
	Eau distillée..................	300

3.	Carbonate d'ammoniaque.......	6gr
	Eau distillée..................	100
4.	Acide pyrogallique............	6gr
	Acide citrique......	18
	Eau distillée..................	1000
5.	Nitrate d'argent...............	10gr
	Eau distillée..................	500

Toutes ces solutions, à l'exception de la solution n° 2, peuvent se faire d'avance et se conservent bien.

La glace lavée et égouttée comme il a été dit, on verse dans un verre une quantité de solution n° 2 suffisante pour couvrir le cliché, on y ajoute quelques gouttes de la solution n° 1, et l'on verse le mélange à deux ou trois reprises sur la glace pendant une demi-minute. On recueille ce mélange et l'on y ajoute 8 gouttes de solution n° 3. On couvre alors la glace du nouveau mélange.

Au bout de quelques secondes, si le temps de pose est convenable, les grandes lumières apparaissent.

On redresse la glace en recueillant la solution, et l'on ajoute à celle-ci une nouvelle quantité, égale à la première, des solutions n° 3 et n° 1. On continue ainsi le développement. Ce dernier peut durer dix minutes.

Si la pose paraît trop longue, on augmente les proportions de bromure.

Si elle paraît trop courte, on les diminue.

Si le positif est suffisamment intense, on arrête l'action par le lavage. Si l'image manque d'intensité, on lave la couche et l'on renforce avec la solution n° 4, à laquelle on ajoute quelques gouttes du n° 5.

Un cliché ou un positif bien développé par cette méthode est aussi beau que s'il avait été fait au collodion humide.

On fixe comme d'habitude à l'hyposulfite de soude.

CHAPITRE IV.

Positifs au collodion-chlorure. — L'usage d'une émulsion de chlorure d'argent a été introduit dans la pratique de la Photographie par M. Whartmann-Simpson en 1866. Ce procédé n'a pas attiré toute l'attention qu'il méritait. C'est que le collodion-chlorure d'argent est d'une préparation assez délicate. Voici cependant une formule avec laquelle on peut opérer avec certitude.

Les formules suivantes sont empruntées à l'excellent Ouvrage de V. Monckhoven.

(1)	Chlorure de magnésium cristallisé.	5gr
	Alcool chaud à 90°..............	500cc

On filtre après dissolution et on laisse refroidir.

(2)	Solution précédente	100cc
	Éther à 66° Baumé...............	100
	Coton azotique..................	3gr

On introduit d'abord le coton dans la solution (1). On agite fortement le flacon et l'on ajoute l'éther par portions successives en agitant constamment.

Ce collodion doit déposer quinze jours au moins.

On peut en préparer plusieurs litres à l'avance, il se conserve bien.

On prépare ensuite la solution suivante :

(3)	Alcool à 90°.....................	200 cc
	Eau chaude.....................	8 gr
	Nitrate d'argent fondu pulvérisé..	8

On dissout d'abord le nitrate d'argent dans l'eau chaude. On ajoute l'alcool par portions successives et l'on agite. On filtre, on laisse refroidir et l'on ajoute :

Coton azotique.................	6 gr
Éther..........................	200 cc

Quand le coton azotique est plongé dans la solution alcoolique de nitrate d'argent, on ferme le flacon et l'on agite. On ajoute l'éther par portions successives et l'on agite avec soin.

Ce collodion, dit *à l'argent,* doit rester au repos huit jours avant de s'en servir. Il ne faut employer que la partie claire supérieure et non celle du fond. Même observation à propos de la formule (2).

Il arrive souvent que le collodion à l'argent prend une teinte brune, mais cette couleur ne le rend pas mauvais.

(4)	Acide citrique.................	18 gr
	Eau bouillante.................	18 cc
	Alcool à 90°...................	162

On dissout d'abord l'acide citrique dans la quantité d'eau bouillante prescrite par la formule. On ajoute l'alcool par portions successives et l'on filtre.

Ces quatre préparations étant faites, voici comment se prépare le collodion-chlorure d'argent.

Collodion (2) au chlorure de magnésium.	200^{cc}
Collodion (3) à l'argent................	200

On agite bien le mélange et l'on ajoute :

Solution (4) acide citrique.........	4^{cc}
Ammoniaque pure.................	8 gouttes.

On agite fortement, en ayant soin d'opérer dans un flacon de verre jaune pour éviter l'action de la lumière sur l'émulsion.

Le collodion-chlorure ainsi préparé présente, lorsqu'on l'examine par transparence, une teinte opaline et n'a pas l'apparence laiteuse des collodions de la même espèce préparés par d'autres formules. Il est bon à l'usage dès le lendemain de sa préparation et se conserve très bien. Cependant, au bout de quelques mois, il prend une apparence laiteuse, dépose du chlorure d'argent et devient hors d'usage.

Il est assez remarquable que le chlorure d'argent, corps insoluble dans le collodion, ne se précipite pas au fond du flacon lorsqu'on prépare le collodion-chlorure. Ce même fait se reproduit, du reste, dans la fabrication de l'émulsion au gélatinobromure.

Les glaces bien nettoyées sont recouvertes de collodion-chlorure comme à l'ordinaire. Ce collodion doit être étendu sur la glace avec une très grande lenteur, sinon la couche est trop mince et l'image sans vigueur. On peut même mettre la glace bien horizontalement sur un pied à caler, verser le collodion au milieu de la glace, le laisser s'étendre jusqu'aux bords et mettre la glace sécher spontanément dans la position horizontale. Des rides apparaissent quelquefois sur la couche sèche, mais elles disparaissent après le fixage.

Il est indispensable de recouvrir les glaces d'une couche d'albumine formée de :

Eau	4 parties.
Albumine battue en neige et décantée.	1 partie.

Il ne doit rester à la surface des glaces qu'une couche infiniment mince. Après le collodionage, on les laisse sécher *plusieurs heures* dans un endroit obscur. Elles présentent un aspect très légèrement opalin, et la couche semble si légère, qu'on pourrait croire *à priori* que l'image que doit fournir cette couche sera sans vigueur. Il n'en est rien, cependant.

Les glaces sèches sont mises dans une boîte à rainures et se conservent indéfiniment. En tout cas, elles doivent être absolument sèches pour fournir de bonnes images. On le reconnaît en frottant fortement sur un coin de la couche avec le doigt, et cette couche doit résister, même à un frottement très énergique.

Au moment de se servir d'une glace au collodion-chlorure, on la fumige à l'ammoniaque. Pour cela, on prend une boîte à rainures en bois, de la grandeur de la glace, on la place sur une table, les rainures horizontales. Sur le fond de la boîte on pose un verre de montre contenant 20^{gr} ou 30^{gr} d'un mélange de carbonate d'ammoniaque et d'un peu de chaux vive. Avec cette quantité on peut fumiger l'une après l'autre plusieurs douzaines de glaces.

La glace est introduite à son tour dans la boîte, la couche de collodion tournée vers le carbonate d'ammoniaque, et à $0^{m},10$ de distance. Puis on ferme la boîte et l'on attend cinq minutes. La glace est sortie et doit alors recevoir l'action de la lumière; pendant ce temps, on en fumige une seconde.

L'action de la fumigation ammoniacale est curieuse. Sans elle, l'image manque de vigueur et se solarise; les noirs, après avoir atteint une certaine vigueur, se métallisent en prenant une couleur olive quand on les examine par réflexion. Examinée par transparence, l'image, dans les noirs, atteint d'abord une certaine vigueur, puis cette vigueur disparaît par la continuation de l'action de la lumière, et l'image offre un aspect tout à fait particulier. L'usage de la fumigation ammoniacale évite cette solarisation.

Si l'on tient à conserver à l'image positive par transparence toute la netteté du négatif à copier, il faut procéder de la façon suivante.

Sur la glace épaisse du châssis-presse à ressorts ou à vis, on met le négatif à copier, la couche en dessus. On le couvre de la glace au collodion-chlorure, la couche en contact avec celle du négatif à copier. Voici maintenant le point important : on découpe un morceau de feutre épais, tout juste de la grandeur du négatif à copier, peut-être un peu plus petit, mais jamais plus grand. Puis, on met la planchette pliante et l'on ferme les ressorts.

Si l'on opérait comme à l'ordinaire avec un coussin de feutre ou de papier de la grandeur du châssis, comme on a l'habitude de le faire pour le tirage des épreuves négatives ordinaires sur papier, on transporterait sur les bords de la glace au collodion-chlorure la pression des ressorts. Alors, la glace plie au milieu, et jamais l'image obtenue n'est nette. C'est pour cela que le coussin de feutre doit être juste, et plutôt plus petit, pour transporter la pression et le contact des surfaces de verre au milieu des glaces et non sur leurs bords.

Le cliché est exposé au jour ou à la lumière du soleil, comme on le fait pour le papier albuminé. On suit la venue de l'image de la même façon. L'image est d'ailleurs très vigoureuse. Quand on la juge d'une intensité suffisante, on la rapporte dans le cabinet noir pour la fixer. L'on peut attendre plusieurs heures et opérer le fixage sur un grand nombre d'épreuves à la fois.

Pour le virage et le fixage, on prépare les deux bains suivants :

(A).	Eau distillée..................	1 lit
	Sulfocyanure d'ammonium.....	15 gr
	Hyposulfite de soude...........	1

On verse ensuite goutte à goutte après dissolution complète et en agitant le mélange :

Chlorure d'or et de potassium..	1 gr
Eau.........................	10 cc

Le mélange, d'abord rouge, se décolore au bout de deux ou trois heures.

Ce bain peut servir très longtemps et pour beaucoup de glaces.

(B).	Eau.........................	1 lit
	Hyposulfite de soude...........	100 gr

Ce bain peut également servir au fixage d'un grand nombre de glaces.

Le positif sur verre au sortir du châssis-presse est immergé directement dans le bain de virage où on le laisse de deux à dix minutes, suivant le ton plus ou moins bleu que l'on veut obtenir. En été, le virage se fait plus vite et le temps peut être réduit de moitié.

La glace est alors immergée dans le bain fixateur B où on la laisse de cinq à dix minutes. Puis elle est lavée sous le robinet d'une fontaine pendant un quart d'heure.

Finalement la glace est posée debout contre le mur, sa partie inférieure reposant sur un papier buvard, et cela jusqu'à ce qu'elle soit absolument sèche.

L'apparence de l'épreuve sèche varie du brun au bleu ardoise, suivant que le virage a été plus ou moins énergique.

Pour l'usage de l'Héliogravure, on peut se dispenser de faire le virage, l'image fixée donnant d'excellents résultats, malgré sa couleur brune peu agréable à l'œil.

CHAPITRE V.

Positifs au charbon. — Il faut choisir pour ces positifs d'excellent papier noir; on en trouve de très bon, sous le nom de *diapositif*, à la maison Braun et Cie. Ce papier est lisse, chargé en couleur et la couche de gélatine est épaisse.

Pour sensibiliser le papier, on prendra la solution suivante :

Eau..........................	1^{lit}
Bichromate de potasse.........	20^{gr}
Carbonate d'ammoniaque......	1

On filtre et l'on verse la solution dans une cuvette spéciale en verre d'assez grandes dimensions, pour pouvoir sensibiliser une grande feuille.

L'épaisseur du liquide dans la cuvette ne doit pas être inférieure à 0^{m},03 pour faciliter la sensibilisation.

Lorsque l'on opère en été par les fortes chaleurs, il est bon de diminuer le titre du bain en bichromate; on peut opérer avec 10^{gr} par litre. Si le bain est trop fort, on risque d'avoir des insolubilisations spontanées, soit partielles, soit totales, lors du séchage du papier.

De même, si l'on a affaire à des clichés légers, il faut opérer avec un bain léger pour avoir des épreuves vigoureuses.

Il faut soigner le bain de bichromate, le renouveler au moins toutes les semaines et ne pas négliger d'y incorporer le carbonate d'ammoniaque; quelques praticiens n'en ajoutent pas et emploient le bichromate de potasse seul, mais alors on risque d'avoir des insolubilisations spontanées.

En été, il est bon d'opérer avec un bain de bichromate dont la température n'excède pas 15° C. Autrement, les images seraient réticulées. Il faut donc conserver le bain dans un endroit frais.

Voici comment l'on procède pour la sensibilisation. On plonge le papier gélatiné, couche en dessus,

Fig. 1.

dans la cuvette contenant le bain de bichromate. On l'y laisse séjourner trois minutes en ayant soin d'agiter constamment, afin de bien faire pénétrer la solution dans la gélatine qui la repousse au commencement de l'opération. Au bout de trois minutes, on retourne la feuille, couche en dessous, et l'on passe sous elle une glace de dimensions un peu plus grandes. On enlève du bain et l'on racle légèrement avec une raclette de caoutchouc (*fig.* 1) de manière à enlever l'excès de liquide. La feuille est alors retirée de dessus la glace et suspendue pour sécher.

Le séchage du papier au charbon doit se faire rapidement. Un papier ainsi séché fournit des images vigoureuses, adhère fortement aux surfaces, et se développe facilement et vite à l'eau chaude.

Une chambre bien aérée et éclairée avec des rayons jaunes suffit au séchage. Un papier sensibilisé le soir doit être sec le lendemain matin.

Le papier sensibilisé ne se conserve pas longtemps. Il faut l'employer aussitôt sec pour obtenir de belles épreuves, et 48 heures après sa fabrication si l'on a affaire à des clichés durs.

Avant d'opérer l'exposition à la lumière, il est indispensable de coller sur les bords du cliché un papier jaune, de façon à empêcher le soulèvement des bords de l'épreuve lors du développement.

On expose le papier ainsi préparé derrière le cliché dans un châssis-presse ordinaire, et il n'est même pas nécessaire que ce châssis ait une planchette pliante, puisqu'on n'est guidé dans la venue de l'image que par le photomètre.

Nous ne donnerons pas ici la description de photomètres plus ou moins compliqués; le plus simple est le meilleur, pourvu qu'on se serve toujours des teintes légères du papier sensible, et non des teintes foncées difficiles à juger ([1]).

Les châssis doivent être déchargés dans un endroit obscur, la sensibilité du papier au charbon étant environ trois fois plus grande que celle du papier albuminé.

Il faut procéder au développement de l'image presque immédiatement au sortir du châssis, parce que l'impression se continue sur le papier au charbon *sec*, même après qu'on l'a enlevé de la lumière.

On peut aussi transporter l'épreuve sur la glace et la conserver ainsi humide pendant quelques heures avant de développer. L'impression lumineuse ne se continue point alors sur le papier humide.

Transport du positif sur la glace. — Voici comment on opère ce transport. On place le papier dans de l'eau froide, la couche en dessous, en passant la main sur la mixtion et sur le dos du papier pour enlever les bulles qui auraient pu se former. On observe alors que le papier se recoqueville par la différence de mouillage des deux faces, puis après, il devient plan. Il faut alors le saisir et l'appliquer sur la glace, mixtion en dessous; on prend la raclette en caoutchouc dont nous avons parlé, et

---

([1]) *Voir*, pour les photomètres, BONNET (G.), *Manuel pratique de Phototypie*, Chap. XVIII. In-18 jésus; 1889 (Paris, Gauthier-Villars et fils).

l'on racle en partant du centre pour aller vers les bords, de façon à ce qu'aucune bulle ne reste interposée entre la glace et le papier; puis, après avoir essuyé le papier et surtout ses bords avec une éponge, on le place avec la glace dans un châssis-presse où on le laisse séjourner une dizaine de minutes, mais pas moins, avant de procéder au développement.

Le temps pendant lequel l'épreuve séjourne dans l'eau est très important. S'il est exact, le papier adhère avec force à la glace. S'il est trop court, la gélatine continue à se gonfler après le transport et aspire l'air à travers les pores du papier, ce qui produit des bulles. S'il est trop long, il n'y a plus adhérence au support.

La température de l'eau doit être de 10° à 15° C. Si elle est plus élevée, on est sûr de voir au développement l'image présenter l'aspect d'un filet à mailles fines, ce qu'on appelle *image réticulée*.

Développement. — Pour cette opération, il est bon d'opérer en plein jour, afin de se rendre bien compte de l'image obtenue.

Dans une cuvette en bois doublée de cuivre, ou dans une cuvette en fer étamé, on verse de l'eau à la température de 30° C., de façon à avoir une couche de $0^m,02$ ou $0^m,03$ d'épaisseur au fond de la cuvette.

La glace supportant l'épreuve est immergée dans

cette eau, le papier charbon en dessus. On agite constamment la cuvette par un mouvement de bascule.

Au bout de quelques minutes, on voit des veines d'eau colorée par la mixtion s'échapper des bords de l'épreuve, et peu à peu les bords tendent à se soulever. On saisit alors un des angles du papier, on le détache avec précaution et on le rejette. On aperçoit alors sur la glace une image empâtée, qui s'éclaircit au fur et à mesure que l'eau chaude passe à sa surface. On ajoute alors dans la cuvette, dont on a momentanément retiré la glace, de l'eau très chaude, de manière à obtenir une température de 40° C. On replace la glace et l'on continue le développement jusqu'à ce qu'il soit terminé, c'est-à-dire que l'eau qui s'écoule de la glace n'entraîne plus aucune partie de matière colorante.

Avec un peu d'habitude, on arrive à exécuter ce développement avec la plus grande facilité.

Une fois l'épreuve ainsi obtenue, on la laisse se refroidir, puis on plonge la glace dans un bain abondant formé de :

Eau........................	1 lit
Alun en poudre...............	50 gr

Ce bain a pour effet de durcir l'image, de rendre la gélatine non collante, et enfin d'enlever les dernières traces de bichromate, à cause de la grande solubilité de ce sel dans l'alun.

Ce bain doit être fréquemment filtré.

L'épreuve est alors lavée à l'eau ordinaire, et l'on abandonne la glace à la dessiccation spontanée sur un chevalet.

L'image sèche n'a plus de relief, et acquiert une grande dureté. On peut facilement la retoucher au pinceau, et les positifs ainsi obtenus sont d'une grande beauté et d'une grande finesse.

CHAPITRE VI.

Positifs par transformation directe du négatif. — Voici maintenant une méthode qui donne de très bons résultats entre les mains d'un opérateur exercé. Elle consiste à transformer le négatif que l'on vient de développer en un positif aussi fin que lui.

On opère au collodion, dans la chambre, de la façon ordinaire, en employant de préférence des collodions pulvérulents, faits avec un coton quadranitrique que l'on trouve facilement dans le commerce.

On se servira avec fruit, comme nous l'avons indiqué, de deux collodions. L'un pour le trait seul, l'autre pour la demi-teinte. Le bain d'argent sera de 8 à 9 pour 100 et de 6 à 7 pour 100 en été. Il est bon de faire la pose un peu plus longue que dans les cas ordinaires, sans que toutefois elle soit exagérée.

On développe et l'on renforce comme d'habitude. On peut même renforcer jusqu'à ce que les parties non insolées prennent une teinte bleu verdâtre.

Le cliché est alors lavé sans excès, une trace d'argent libre facilite en effet les opérations subséquentes.

La transformation se compose de deux opérations (V. Roux) :

1° Exposition du négatif non fixé à la lumière diffuse;
2° Destruction de l'image négative par dissolution de l'argent réduit, et développement de l'image positive.

1° *Exposition à la lumière diffuse.* — Le cliché terminé, comme nous venons de le dire, est placé sur un carton noirci ou un drap noir, la face collodionnée en dessus, et on l'expose ainsi dans un endroit de l'atelier faiblement éclairé.

Le temps d'exposition peut varier de quelques secondes à deux et même trois minutes, suivant l'intensité de la lumière; en général, l'exposition est suffisante lorsque l'image positive, vue par réflexion, apparaît franchement avec un ton bleu noir, sur le fond gris d'argent de l'image négative. Cette coloration progressive est due à la présence d'une petite quantité d'argent à l'état de chlorure dans la couche sensible.

2° *Destruction de l'image négative et développement de l'image positive.* — Si, après l'exposition à la lumière diffuse, on développait immédiatement, les images positives et négatives se confondraient; on ferait tableau noir.

Il faut donc détruire l'impression négative avant de procéder au développement de l'image positive. Pour cela, en rentrant dans le laboratoire, on lave de nouveau le cliché et on l'immerge d'un seul coup dans une cuvette horizontale en porcelaine contenant :

Eau ordinaire.................	700^{cc}
Acide nitrique pur............	300
Bichromate de potasse.........	30^{gr}

Le bichromate de potasse peut être remplacé par l'acide chromique à dose de 1 pour 100, par le permanganate de potasse en solution saturée, à raison de 0^{lit},30 par litre de liquide.

Nous employons le bichromate de potasse, qui est à la disposition des opérateurs dans la plupart des laboratoires, mais nous croyons, d'après nos expériences, que tout oxydant énergique peut lui être substitué.

L'immersion dans ce bain doit être prolongée jusqu'à dissolution complète de l'argent réduit par le révélateur et le renforçateur précédemment employés, ce qui arrive généralement au bout de deux ou trois minutes.

On reconnaît du reste que l'immersion est suffisante à la coloration jaune paille de la couche, excepté dans les parties positives accusées nettement par une coloration rouge brique, due à la formation d'un chromate d'argent.

On lave alors la plaque jusqu'à ce que l'eau n'ait plus trace d'acidité.

Dans certains cas, par l'usage d'un collodion

récemment préparé, d'un collodion trop épais, etc., le fond, c'est-à-dire le négatif détruit, conserve partiellement, surtout dans l'angle par lequel s'est écoulé le collodion, conserve, disons-nous, un voile rouge brique.

Si l'on développait en cet état, la partie ainsi colorée se réduirait en même temps que l'image positive et serait voilée fortement.

Cet effet est généralement dû à un lavage incomplet après l'exposition à la lumière diffuse, lavage qui laisse subsister de l'argent libre dans la couche, et par conséquent favorise la formation du chromate d'argent à la surface ou dans la masse du subjectile.

Après bien des essais, nous avons trouvé un dissolvant de ce chromate, dissolvant qui n'attaque en rien l'image positive et peut, même dans les meilleures opérations, être employé à titre de garantie.

Il est composé de :

Solution saturée de bichromate de potasse.	30^cc
Alcool à 40°........................	30
Acide nitrique pur.....................	30
Eau ordinaire..........................	400

Ce mélange, à l'état concentré, jouit non seulement de la propriété de dissoudre le chromate d'argent, mais aussi le chromate de plomb.

Pour préparer le mélange ci-dessus dans de

bonnes conditions, on opère de la manière suivante :

Dans une éprouvette d'une capacité suffisante, on verse la quantité indiquée de solution saturée de bichromate de potasse, puis après, l'alcool; il se forme un précipité jaune. On ajoute alors l'acide nitrique; le précipité se redissout et le liquide prend alors une coloration bleu verdâtre, en même temps qu'une odeur caractéristique d'alcool de pommes (eau-de-vie de cidre) s'y développe.

On étend d'eau au volume indiqué, et la solution est prête pour l'usage immédiat.

On procède au développement positif avec la solution suivante :

Eau ordinaire................	1 lit
Acide pyrogallique............	25 cc
Acide citrique................	20
Alcool à 36°.................	50

Cette solution est versée sur la glace; on l'y laisse séjourner quelques secondes, et l'on y ajoute quelques gouttes de solution d'acéto-nitrate d'argent, dont la formule est :

Eau distillée................	1 lit
Nitrate d'argent.............	20 gr
Acide acétique...............	50 cc

L'image positive apparaît alors progressivement, avec une vigueur proportionnée à la quantité de nitrate d'argent ajoutée au développateur. Les cartes et dessins demandent à être fortement et rapidement poussés avec l'argent, afin de leur conserver la finesse des traits et la transparence parfaite des fonds; les portraits, paysages et tableaux doivent, au contraire, être développés lentement et avec peu d'argent, pour conserver l'harmonie des demi-teintes.

On fixe comme d'habitude, soit au cyanure pour les traits, à l'hyposulfite pour la demi-teinte.

Le positif ainsi obtenu peut être renforcé, après lavage complet, soit à l'acide pyrogallique et nitrate d'argent, soit avec le bichlorure de mercure.

CHAPITRE VII.

Positifs à la tour. — Lorsque l'on est appelé à faire un grand nombre de positifs, et que l'on est obligé de les faire tous à une dimension déterminée, bien que les clichés soient de grandeurs différentes, il est avantageux de se servir de l'appareil que l'on appelle une *tour*.

Dans le plafond d'une chambre noire, qui n'est séparée de l'air libre que par le toit, on a percé une ouverture de $0^m,50$ à $0^m,60$ de côté par exemple. Cette ouverture est fermée par une glace bien transparente. Au-dessous, on a disposé un châssis permettant de placer un objectif sur sa planchette, verticalement, de façon à ce que l'appareil regarde le ciel. Le châssis est généralement monté sur des glissières et se trouve muni d'un contrepoids, de manière à faire varier la position de l'objectif. A la partie inférieure de la chambre, se trouve une table bien horizontale munie de pointes à vis calantes sur lesquelles on pourra poser la glace à impressionner. On voit que la chambre forme tout simplement un appareil dirigé verticalement vers le ciel au lieu d'être horizontal.

Lorsqu'on veut faire un positif, on place le cliché au-dessus de l'objectif, sur des taquets qui accompagnent les glissières, de façon à ce que l'image vienne se faire en bas, dans la chambre, sur la table. On met au point à l'aide d'une feuille de papier blanc posée sur une glace de la même épaisseur que celle qui doit servir à faire le positif, et, à l'aide d'une ficelle qui fait manœuvrer un bouchon quelconque, on ferme l'objectif.

L'avantage de la tour sur l'appareil ordinaire du laboratoire, c'est que l'on a continuellement un jour plus vif que dans l'atelier, et cela permet aussi d'obtenir des agrandissements considérables, pour lesquels on ne pourrait se servir d'une chambre, appareil dont les dimensions ne dépassent généralement pas 50 × 60. Il est vrai qu'il est bien rare d'avoir à faire des héliogravures de cette dimension, mais, d'autre part, la manœuvre de la tour est plus facile que celle de la chambre d'atelier, et, l'horizontalité établie une fois pour toutes, on opère avec une grande certitude et une grande rapidité.

Comme nous le verrons au Chapitre consacré à la Photogravure, on peut aussi tirer un avantage considérable de la disposition de la tour, pour faire directement un quadrillé ou une série de lignes sur le négatif, lorsque l'on opère par cette méthode.

CHAPITRE VIII.

Description de quelques appareils nécessaires à l'Héliogravure. — *Tournette (premier modèle). Tournette mobile.* — La tournette, comme l'indique la *fig.* 2, se compose simplement de deux

Fig. 2.

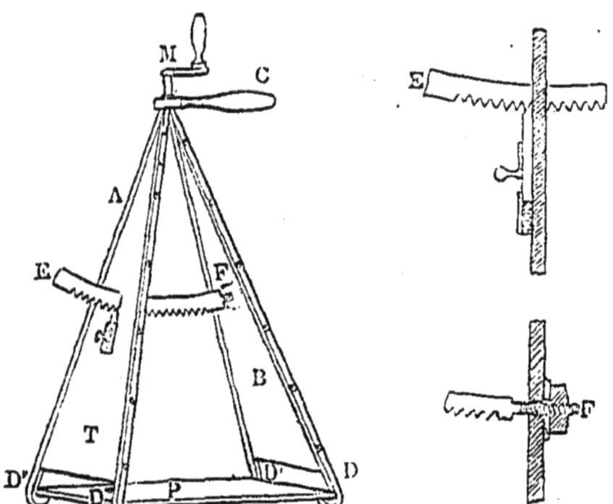

plaques de bois triangulaires A et B, réunies à la partie supérieure par une charnière qui porte une manette mobile C et une manivelle M. Le long des côtés des plaques de bois, sont fixées quatre tiges en cuivre, D, D', D'', D''', terminées à leur partie inférieure par des crochets. On place la plaque en P, et l'on obtient le serrage à l'aide de l'arc de cercle dentelé E, qui est fixé d'une part par le taquet à ressort T, et d'autre part par une vis serrante placée à l'autre extrémité, derrière la plaque de bois B. Le serrage une fois obtenu, on retourne la tournette de manière à placer la plaque en l'air, puis on verse le liquide à la surface de celle-ci; on retourne la tournette, la plaque en bas, on place la plaque au-dessus d'une source de chaleur, et saisissant la poignée C dans la main gauche, on imprime avec la droite un mouvement de rotation rapide à l'aide de la manivelle M.

Tournette (*second modèle*). *Tournette fixe.* — Le modèle que nous venons de décrire est certainement le plus commode, le meilleur marché, et, sous un petit volume, présente tous les avantages des appareils plus compliqués. Cependant son emploi exige une assez grande habitude. Nous allons donc décrire maintenant une autre tournette employée par un grand nombre d'opérateurs.

Une plaque de fonte circulaire et percée de trous à différentes distances est montée sur un axe vertical portant un engrenage qui lui communique un mouvement de rotation à l'aide d'une manivelle correspondant à une tige horizontale portant une vis sans fin. Une rampe à gaz circulaire permet de porter la plaque de fonte à une température assez élevée, 40° ou 50° par exemple ; le tout est monté sur un bâti en bois et renfermé dans une cage en

Fig. 3.

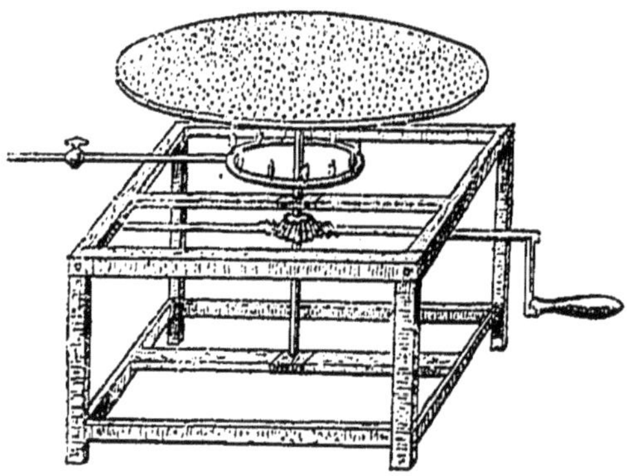

bois dont le couvercle porte des verres jaunes. Il est facile de fixer la plaque à préparer sur le plateau de fonte, à l'aide d'une série de vis ou simplement de chevilles qui la maintiennent pendant la rotation.

Châssis. — Les châssis dont on se sert pour l'Héliogravure peuvent être excessivement simples. Le modèle dont nous donnons ici la description est un des plus commodes.

L'appareil se compose d'un châssis en bois blanc, portant à l'intérieur une feuillure pour y placer une glace. Aux quatre coins on a vissé des pitons permettant d'introduire à frottement libre deux tiges de fer assez fortes. On place une glace épaisse dans les feuillures, puis au-dessus le positif, collodion en l'air, sur le cliché la plaque de cuivre, puis un feutre et une autre glace. Le serrage s'obtient en

Fig. 4.

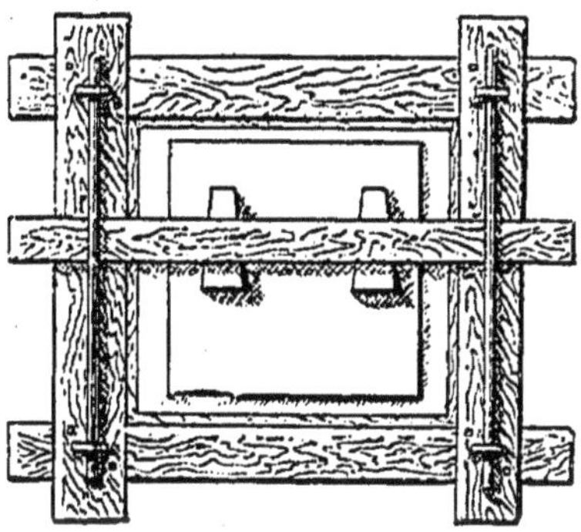

plaçant une barre de bois sous les deux tiges de fer, puis des coins entre cette barre et la deuxième glace.

On a ainsi un serrage parfait, et le châssis, très commode, est d'un prix de revient peu élevé.

Repères. — Dans plusieurs des procédés que nous décrirons par la suite, il est nécessaire de pouvoir replacer la plaque de cuivre sur le positif après une première morsure; il est alors indispensable que le repérage se fasse avec la plus grande exactitude. Pour cela, certains opérateurs se servent simplement de croix analogues à celles que l'on trace en lithographie quand on tire en plusieurs couleurs; deux croix très fines sont gravées sur le cliché, l'une en haut, l'autre en bas. Les croix se reproduisent sur la plaque lors de l'insolation, et l'on repère à l'aide d'une loupe. Nous préférons l'appareil suivant :

Une première plaque A de cuivre ou de bronze

Fig. 5.

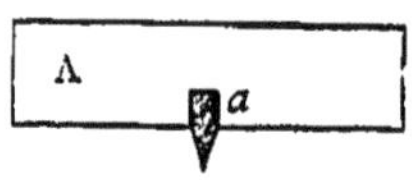

porte en son milieu un petit couteau d'acier *a* de la même épaisseur qu'elle.

Une seconde plaque B porte un petit ressort d'acier *b*, muni lui-même d'un petit couteau, et l'on

Fig. 6.

peut l'écarter de la plaque à l'aide d'un petit coin C en bois.

On pratique avec un ciseau très fin deux petites entailles sur les biseaux opposés de la plaque de cuivre qui doit servir pour l'héliogravure, et l'on fait pénétrer dans ces entailles les deux couteaux *a* et *b*. On fixe alors les deux repères A et B sur le positif à l'aide de colle forte, ou mieux à l'aide d'une colle formée de parties égales de colle forte, de gomme arabique et de sucre candi. Pour éviter la rupture du positif au moment où l'on voudrait enlever les repères, on interpose entre eux et la glace des bandes de papier non collé, ce qui permet, une fois l'opération finie, de les enlever facilement, en glissant une lame de couteau entre leur partie inférieure et la glace. Une fois que la colle a fait prise, on place la plaque préparée dans ces deux repères, en serrant à l'aide du coin C.

Chaque fois que, par la suite, on enlèvera la planche de cuivre pour une opération quelconque, on peut être certain de pouvoir la remettre identiquement à la même place, à l'aide de cette méthode.

Gril. — Le gril qui sert dans tous les procédés pour la cuisson du grain se compose tout simplement d'un cadre en bois sur lequel on a tendu un grillage de fil de fer ou de cuivre, afin de pouvoir placer la planche au-dessus d'une source de chaleur, et de l'y promener rapidement sans crainte de se brûler, et pour régulariser le chauffage sur toute l'étendue de la planche.

Boîtes à résine. — Les boîtes à résine sont destinées à produire un grain plus ou moins gros à la surface de la planche d'Héliogravure.

Voici le principe sur lequel est basée cette opération. Si j'introduis dans une caisse d'assez grandes dimensions une suffisante quantité de résine de copal en poudre impalpable, et si je communique à la caisse refermée un mouvement de rotation autour d'un axe quelconque, la résine sera projetée dans toute la boîte et y formera un nuage d'autant plus épais que la quantité de résine introduite sera plus grande et le mouvement plus violent. Si j'immobilise la caisse à ce moment, la résine se précipitera à la partie inférieure. Les particules les plus grosses tomberont d'abord, puis les grains les plus fins resteront en suspension dans l'atmosphère de la caisse, et leur chute sera d'autant plus lente que les grains seront plus ténus. Si donc nous plaçons une plaque de verre ou de cuivre à la partie inférieure de notre caisse, au moment où nous venons d'arrêter son mouvement, elle se trouvera immédiatement recouverte d'une couche épaisse de résine en fort peu de temps. Si, au contraire, nous attendons quelques minutes ou quelques secondes, notre couche sera moins épaisse et les grains plus fins. Si nous laissons la plaque exposée à cette pluie de résine pendant deux ou trois minutes, notre couche de neige de résine sera plus épaisse et les grains plus rapprochés que si nous ne l'y laissons que quelques secondes.

On voit donc qu'il est possible de varier la grosseur du grain, sa finesse, l'écartement des particules qui le forment, etc. Nous reviendrons sur ce sujet à propos de la description des procédés ; pour le moment, nous allons indiquer les deux genres de boîtes à résine dont on se sert le plus généralement.

Boîte mobile. — Lorsqu'on dispose d'une grande place, on peut se servir du premier modèle. Voici

Fig. 7.

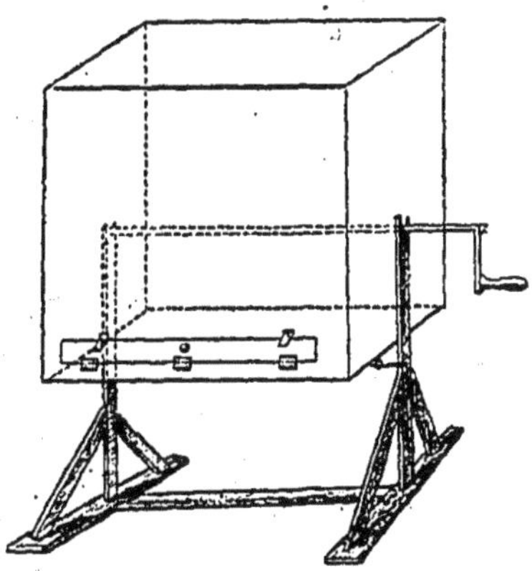

en quoi il consiste. Une grande caisse en bois, entièrement fermée, porte à sa partie antéro-inférieure une ouverture longitudinale fermée par une porte que l'on peut fixer à l'aide de taquets. Les joints doivent être hermétiques, de façon à ne pas laisser sortir de résine lors de la manœuvre. A la partie inférieure de la boîte, se trouvent à l'intérieur des clous à large tête, à moitié enfoncés, de manière à permettre à l'opérateur de poser sa plaque sans qu'elle soit directement en contact avec le fond de la boîte. Celle-ci est percée de deux trous au milieu de deux de ses côtés. Ces trous laissent passer un axe muni d'une manivelle et monté sur deux tourillons. Une goupille passant dans deux pitons permet de fixer la boîte quand elle n'est plus en mouvement.

Les dimensions de cet appareil doivent être considérables. On prend généralement une hauteur de $1^m,50$ à 2^m. Plus la boîte est spacieuse, et plus il est facile d'obtenir un grain comme on le désire, en variant les temps qu'on laisse s'écouler entre la rotation de la boîte et l'introduction de la plaque, et l'introduction et la sortie.

Il est bon de placer le cuivre sur une plaque de verre plus grande que lui, le dépôt de résine se faisant alors plus régulièrement.

Boîte fixe. — Voici maintenant un second modèle dans lequel la boîte est fixe, et où le nuage de résine est obtenu par la rotation d'une plaque de bois.

Dans une caisse de grande dimension, $2^m,50$ de haut sur $1^m,25$ de large par exemple, on a placé à la partie inférieure, à $0^m,70$ du sol, une tige de fer carrée portant une manivelle et traversant la boîte dans toute sa longueur. Sur cette tige est fixée une planche formant un faux fond à la boîte et pouvant être entraînée par le mouvement de la tige de fer. Celle-ci est fixée dans sa position par une fourchette mobile placée à l'extérieur. On a cloué au-dessous de la planche un demi-cylindre en tôle ou en zinc, qui est décrit par la rotation de la planche au-dessous de son axe. La planche mo-

Fig. 8.

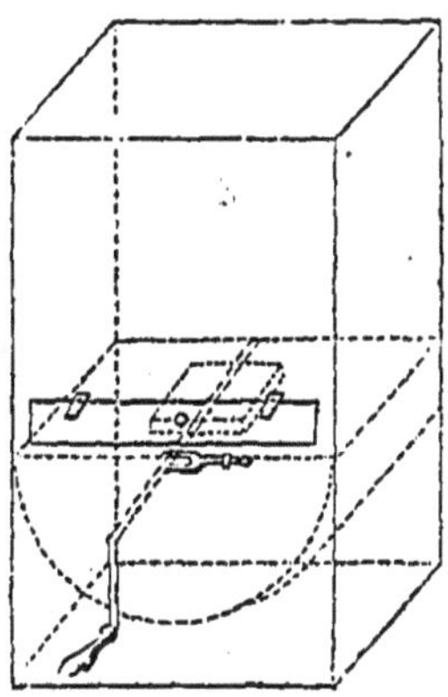

bile porte un tas en bois pour y placer la plaque de cuivre à grainer, et la caisse porte une ouverture fermant avec des taquets, pour l'introduction du cuivre.

On introduit dans la caisse environ 1^{kg} de résine de copal en poudre impalpable et l'on ferme. On agit alors sur la manivelle, et la rotation de la planche mobile soulève la résine en nuage, et au bout de quelques tours, ce qui ne peut être indiqué que par l'expérience, on arrête le mouvement à l'aide de la fourchette extérieure.

Il est bien entendu que dans tous ces modèles l'intérieur doit être tapissé soit de zinc, soit de papier glacé, de façon à empêcher l'adhérence de la résine aux parois. Il faudrait, sans cette précaution, en mettre plusieurs kilogrammes dans l'intérieur de la boîte pour arriver à un résultat, et encore on risquerait fort de voir de temps en temps la résine retenue par l'humidité du bois se détacher et tomber par paquets sur la planche. L'humidité est très à craindre, et il est bon de placer la boîte à grain dans un endroit sec et aussi à l'abri d'une lumière trop vive, parce que, dans différents procédés, les planches sont encore sensibles au moment où l'on y forme le grain.

Quant aux autres appareils qui peuvent être utiles aux héliograveurs, ils ne sont pas fort nombreux et se trouvent facilement dans le commerce. Ce sont : des terrines et pots en grès, des cuvettes en porcelaine pour la morsure, un ou deux blaireaux très fins et très épais, un ou deux tamis de soie, des brosses en crin végétal, un fourneau à gaz, un brûleur Bunsen, quelques pinceaux, des couleurs, etc., et les appareils de retouche dont on trouvera le détail plus loin.

Une précaution importante et même indispensable, c'est d'avoir toujours de l'eau en abondance dans le laboratoire.

CHAPITRE IX.

Étude des différents procédés d'Héliogravure.

Procédé au bitume de Judée. — Bien que cette méthode soit tombée en désuétude, parce qu'elle ne s'applique qu'au trait et parce qu'elle est longue comme exposition à la lumière, nous en dirons ici deux mots pour mémoire.

Le bitume de Judée, ou asphalte propre à la gravure héliographique, doit être d'une qualité spéciale. La meilleure sorte est complètement insoluble dans l'eau. Elle se dissout à raison de 5 pour 100 dans l'alcool, de 70 pour 100 dans l'éther, et en toutes proportions dans l'essence de térébenthine, la benzine pure et le chloroforme.

Avant de dissoudre le bitume, on le casse en petits morceaux qu'on lave dans l'éther, qui en dissout la couche extérieure. Ces morceaux lavés sont alors dissous dans le chloroforme, dans l'essence de térébenthine ou la benzine rectifiée.

La formule de la dissolution est généralement la suivante :

Bitume de Judée............	3 à 5gr
Benzine....................	100

Certains auteurs recommandent quelques gouttes d'essence de citron pour accroître la sensibilité.

La solution d'asphalte est versée à la surface de la plaque de cuivre préalablement lavée et décapée, comme nous le dirons à propos des procédés à la gélatine. On en verse d'abord une certaine quantité pour mouiller entièrement la planche, puis on en verse une seconde couche que l'on fait passer à la tournette, en ayant soin de ne point trop approcher la plaque du foyer de chaleur, car la vapeur de benzine s'enflammerait infailliblement.

La couche sèche est exposée derrière le positif, dans le châssis-presse déjà décrit. L'exposition au soleil peut durer de 15 à 40 minutes. Dans les ateliers où l'on emploie la lumière électrique, il faut compter près de deux heures. Mais, une fois la sensibilité de la couche d'asphalte déterminée, on doit se servir du photomètre pour régler l'exposition à la lumière.

La lumière, en traversant les blancs du positif, va rendre insolubles les parties immédiatement correspondantes de la couche bitumée. L'insolation étant suffisante, ce qu'on voit facilement quand on a l'habitude de ce procédé, il reste à dissoudre tout le bitume demeuré à l'abri des atteintes de la lumière. Les dissolvants du bitume sont nombreux. L'essence de lavande et l'essence de térébenthine sont les plus employées ; la benzine elle-même pourrait encore servir, mais son action est trop énergique. Bien que le bitume se trouve modifié par la lumière, il convient, lors du développement, c'est-à-dire de la mise à nu du cuivre, partout où devra agir le mordant, de ne le traiter qu'avec modération pour ne pas entamer les fines tailles et pour conserver les traits les plus déliés du positif.

Quand l'action du dissolvant paraît suffisante, on l'arrête par un lavage abondant à l'eau ordinaire; on laisse sécher, puis la plaque, qui porte alors le dessin bien complet, formé par le cuivre à nu sur un fond de bitume, est soumise à une nouvelle insolation qui a la propriété de donner plus de dureté au bitume et d'accroître sa solidité lorsqu'on mettra la plaque au bain d'acide, c'est-à-dire lorsqu'on fera *mordre*.

Si l'on plongeait maintenant la planche directement dans le bain d'acide ou de perchlorure de fer, on risquerait d'avoir au tirage une épreuve grise, c'est-à-dire que l'encre ne se maintiendrait pas dans les tailles, surtout dans les plus larges. On obtiendrait un aspect bien connu des graveurs aquafortistes, alors qu'une partie de la planche est *crevée*. L'encre serait enlevée par le tampon ou par la main au moment de l'encrage, et l'on n'aurait que des gris au lieu d'avoir des noirs profonds.

Ce défaut, qui n'est pas toujours visible dans un dessin ne comprenant que du trait, devient évident dans un dessin de demi-teintes par les autres procédés : c'est pour cela que l'on passe par l'opération du grainage.

En déposant au fond des tailles un grain très fin, on est certain que, quelque larges qu'elles soient, elles retiendront l'encre et la restitueront fidèlement au tirage.

On aura préalablement étudié la boîte à grain, de façon à savoir combien de temps il faut attendre entre l'arrêt du mouvement de la boîte et l'introduction de la planche, et aussi entre le moment où l'on introduit cette dernière et celui où on l'en retire. Pour cela, quelques expériences sur une plaque de verre sont nécessaires et suffisantes.

Une fois un grain bien régulier et bien fin déposé sur la plaque, il faut le faire cuire. En effet, en chauffant légèrement cette résine, les grains vont se souder au cuivre ou au bitume et vont protéger lors de la morsure le cuivre sous-jacent; il ne faut pas chauffer trop fort, car alors les grains se souderaient les uns aux autres, s'étendraient et formeraient à la surface du cuivre un vernis inattaquable aux acides.

La meilleure méthode à employer pour cuire le grain est la suivante. On verse dans une cuvette en tôle, ou simplement dans un couvercle de boîte en fer-blanc, une certaine quantité d'alcool à brûler. D'autre part, on place délicatement sur le gril la planche à chauffer et, après avoir allumé l'alcool, on promène la plaque à une certaine hauteur au-dessus de la flamme. On s'aperçoit que l'opération est terminée lorsque toute la surface de la planche qui était blanche, par l'effet de la présence de la neige de résine, prend une couleur ambrée. A ce moment on arrête l'opération.

Si, au moment de cuire le grain, on s'aperçoit qu'il est défectueux, qu'il est trop gros ou irrégulier, il suffit de souffler à la surface de la plaque ou d'y passer un blaireau fin, et l'on n'a plus qu'à recommencer l'opération du grainage.

Le grain une fois cuit, la planche est prête à être mordue.

Supposons qu'on se serve d'acide nitrique, c'est généralement le mordant qu'on emploie avec le bitume. On commence par border la plaque avec une solution épaisse de bitume dans la benzine, de manière à protéger les bords, et l'on vernit de la même façon le dos de la planche, afin que l'acide n'ait de prise que sur la partie utile.

Dans une cuvette en porcelaine ou en gutta-percha, on a préparé le mélange suivant :

Acide nitrique................	5gr
Eau.........................	100

On plonge alors la plaque dans la cuvette et l'on agite cette dernière. On peut aussi se servir d'un blaireau fin que l'on promène dans le liquide à la surface de la planche, afin que la morsure se fasse d'une façon régulière. Quand on juge que la profondeur atteinte est suffisante, ce qui ne peut être indiqué que par l'expérience, on retire la plaque et on la lave à grande eau. Puis on la nettoie ensuite avec de la benzine qui dissout tout le bitume, même celui qui a été insolé et toute la résine formant le grain, et la planche bien nettoyée à la potasse et au blanc, comme il sera dit au procédé par la gélatine, sera prête pour le tirage.

Ce procédé, excellent pour le trait, ne peut donner la demi-teinte, comme nous l'avons dit plus haut; il est encore employé avec avantage pour la Photogravure au trait, sur zinc, avec la série d'opérations subséquentes nécessaires pour l'obtention du relief. On se sert alors, bien entendu, d'un négatif.

Une remarque qui a son importance, c'est qu'avec ce procédé les blancs du cliché ou du positif doivent être d'une transparence absolue. Le moindre voile empêche l'insolation, et alors tout file au développement, et la moitié des traits de l'original viennent à manquer.

CHAPITRE X.

Procédé à la cendre. — Ce procédé, qui donne d'excellents résultats dans un grand nombre de cas, a été inventé par Garnier vers 1867. C'est avec cette méthode seule qu'il fit une épreuve 30 × 40 environ d'un château historique, épreuve qui lui valut la médaille d'or à l'Exposition de 1867.

Aujourd'hui, on l'emploie peu seul. Cependant on peut en obtenir de fort belles planches, quoique d'une facture un peu sèche dans certains cas.

Employé concurremment avec le procédé à la gélatine, il donne des résultats merveilleux. C'est à l'héliograveur à juger, d'après le sujet à reproduire, s'il vaut mieux se servir de la cendre seule, de la gélatine seule, ou des deux procédés l'un après l'autre.

Comme la plus grande partie des opérations de cette méthode sont communes aux autres, nous les décrirons en détail.

Mise en place de l'image. — Il faut d'abord placer le positif sur le cuivre, de telle façon que les marges soient bien ce qu'elles doivent être. Pour cela, on commencera par tracer sur une feuille de papier blanc, avec un crayon, le contour de la planche. On pourra alors déterminer, en glissant ce papier sous le positif, quelle devra être la position de la planche par rapport au positif. On trace cette position sur la glace qui supporte le positif.

On a eu soin de bien nettoyer les marges du positif, soit avant le vernissage quand il s'agit de collodion, soit en grattant la gélatine au canif s'il s'agit de positif au gélatinobromure.

On fixe alors les repères avec les bandes de papier et la colle, comme il a déjà été dit, après avoir fait deux entailles opposées sur les biseaux de la planche, puis on laisse sécher.

Le positif est désormais en place, il ne s'agit plus maintenant que de placer derrière lui la planche préparée.

Nettoyage du cuivre. — Pour étendre la couche sensible à la surface du cuivre, il est de la plus grande importance que celui-ci soit parfaitement propre. Il porte généralement à sa surface, malgré son état apparent de propreté, une couche de graisse qui a été laissée par le dernier coup de polissage qui se fait souvent à l'huile ou aux corps gras dans plusieurs ateliers de planeurs.

En tous cas, il reste toujours certaines taches dues aux doigts plus ou moins gras de ceux qui l'ont manipulé, et souvent aussi une petite couche d'oxyde très mince qui nuirait à la bonne exécution du travail.

On a préparé dans un grand pot de grès une solution de potasse caustique, ou simplement de potasse d'Amérique, et dans une terrine voisine, on a un ou deux pains de blanc d'Espagne écrasés soigneusement dans l'eau, de manière à présenter l'aspect d'une pâte assez fluide très homogène.

Tout cela est placé sur la table à nettoyer, au-dessus de laquelle doit se trouver un robinet pouvant fournir de l'eau en abondance à tout moment.

On place le cuivre à plat sur un tas en bois placé sur le fond de la table, qui forme cuve, et à l'aide d'une brosse en crin végétal que l'on trempe alternativement dans la potasse et dans le blanc, on opère des frictions circulaires à la surface de la plaque. Il faut frotter légèrement pour ne pas rayer le cuivre. On lave de temps en temps à l'eau, jusqu'à ce qu'elle coule en nappe régulière sur toute la surface du cuivre. Il faut alors être prêt pour l'extension de la couche, sans cela la planche s'oxyderait et le travail du nettoyage serait à recommencer. Dans le cas où cet accident se produirait, on verserait à la surface du cuivre un peu d'eau acidulée d'acide sulfurique, et l'oxyde disparaîtrait. Il n'y aurait plus alors qu'à recommencer le dégraissage à la potasse et au blanc.

Préparation de la couche sensible. — Parmi

toutes les formules qui ont été données, la suivante, qui est simple et d'une préparation facile, peut être recommandée.

On prépare une dissolution d'albumine dans l'eau. Pour cela on mélange un blanc d'œuf à un litre d'eau, et l'on agite. On ajoute généralement à cette solution 0gr,50 par litre de bichromate de potasse pour l'empêcher de se corrompre.

On prépare alors la solution suivante :

Eau albuminée................	50cc
Miel blanc.................. ..	4gr
Bichromate d'ammoniaque.....	2

Dans cette formule, on peut remplacer le bichromate d'ammoniaque par du bichromate de potasse si l'on n'est pas sûr du premier. On dissout d'abord le miel dans l'eau albuminée, dans un mortier, puis on y ajoute le bichromate que l'on broie avec le pilon jusqu'à dissolution parfaite. La liqueur est alors filtrée au papier avec beaucoup de soin, et est prête pour l'usage. Elle ne peut être conservée, c'est pourquoi il est bon de ne pas en faire beaucoup plus que la quantité indiquée par la formule, la préparation étant très facile.

Extension de la couche. — La plaque de cuivre nettoyée comme il a été dit, bien propre, sans corps gras ni oxyde à sa surface, est placée dans la tournette mobile, on effectue le serrage et l'on verse à sa surface la liqueur bichromatée. On ne recueille pas ce qui s'en écoule, et retournant la tournette la plaque en bas, on commence un mouvement de rotation de la plaque au-dessus d'un fourneau à gaz. Cette rotation ne doit pas être trop rapide en commençant, de façon à ce que toute la liqueur ne soit pas projetée au dehors par la force centrifuge. On accélère peu à peu le mouvement et, quand on juge que la solution est sèche, on passe le doigt sur le bord de la planche pour s'assurer qu'elle n'est pas poisseuse. Aussitôt qu'elle est sèche partout, ce que l'on reconnaît facilement à l'aspect au bout de quelques essais, on place la plaque derrière le positif, en opérant le serrage comme il a été dit à l'article châssis.

Toutes ces opérations ont été faites à l'abri d'une lumière trop vive; il vaut même mieux opérer dans un laboratoire bien éclairé, mais par des verres jaunes.

Il s'agit maintenant d'exposer la planche à la lumière.

Exposition à la lumière. — Dans certains ateliers, où l'on opère sur un grand nombre de planches, on a la lumière électrique à sa disposition. Dans d'autres, au contraire, on se sert de la lumière du soleil, ou simplement de la lumière diffuse. Quoi qu'il en soit, et quel que soit le mode opératoire, l'insolation est très rapide. Quelques secondes au soleil, une minute ou deux à la lumière électrique ou à la lumière diffuse, sont suffisantes dans presque tous les cas.

Il est toujours facile d'obtenir une insolation exacte en faisant usage d'un photomètre. Il faut que cet appareil soit très sensible et le plus simple est le meilleur. En voici un qui est facile à faire, et d'un bon usage. On découpe, dans une photographie tirée et fixée, une teinte assez faible d'environ 1^{cq}. On la colle sur un papier aiguille et, à côté d'elle, on pratique dans ce papier une ouverture de la même dimension que la teinte. On place cette feuille de papier dans un petit châssis (9×12 par exemple), et l'on applique sur le trou un morceau de papier albuminé sensible.

On porte au jour le châssis qui contient la plaque héliographique et l'on place à côté le châssis 9×12 (photomètre). Quand le papier sensible sera d'une teinte de même intensité que la teinte collée, nous dirons que la planche a reçu une insolation d'une teinte. Nous changerons alors le papier du photomètre et nous continuerons à le mettre au jour, jusqu'à ce que nous ayons une seconde teinte, et ainsi de suite. Plus tard, quand nous développerons l'image sur la planche, nous verrons si elle a été trop ou trop peu insolée, et alors il nous sera facile, à la prochaine insolation, de diminuer ou d'augmenter la quantité de lumière reçue, en nous réglant sur le photomètre.

Supposons que nous ayons jugé suffisante l'exposition à la lumière; nous portons alors le châssis dans le laboratoire et nous en retirons la planche.

Poudrage. Obtention de l'image.—Il faut d'abord se procurer de la cendre de charbon de bois, ou même de la cendre de bois, que l'on place dans un tamis de soie à mailles très fines. On saisit la planche insolée de la main gauche, par un coin si elle est petite, sur le sommet des doigts placés en dessous si elle est grande, et à l'aide du tamis on saupoudre la plaque de cendre très fine; on prend alors un blaireau et on le passe rapidement, en décrivant des cercles, sur toute la surface de la planche. Si l'insolation a été un peu faible, toute la surface prend la cendre. Si, au contraire, elle a été trop forte, la cendre n'adhère en aucun point. Lorsqu'elle est à peu près juste, l'image se forme sous le passage du blaireau avec une grande netteté. Il ne faut pas que l'on puisse voir du premier coup tous les détails; les grands noirs seuls doivent sortir au premier poudrage. On laisse alors la planche se reposer et reprendre un peu d'humidité dans la partie la plus fraîche du laboratoire, si l'on est dans une température assez élevée, en été par exemple. Au bout de quelques instants, on recommence l'opération du poudrage, et de nouveaux détails sortent. On continue ainsi alternativement à laisser reposer la plaque et à poudrer jusqu'au moment où l'image est sortie avec tous ses détails et où il commence même à y avoir un léger empâtement, sans exagération, bien entendu.

Si l'on opère dans un endroit assez frais, il sera bon, au contraire, de chauffer légèrement la planche avant l'opération du poudrage.

Voici le mécanisme du phénomène. Si, au moment de la préparation de la planche, après l'avoir laissée refroidir, on tamisait la cendre sur la plaque sans l'exposer en aucune façon à la lumière, la poudre adhérerait partout et l'on ferait tableau noir. Par l'exposition à la lumière, les parties insolées deviennent sèches, et cela proportionnellement à la quantité de lumière reçue, de telle sorte que les grands blancs ne prennent plus de cendre du tout, tandis que les noirs, au contraire, qui ont été protégés pendant l'insolation, la retiennent abondamment.

Quand le poudrage est terminé, l'image positive est admirablement visible sur le cuivre avec ses plus petits détails.

Cette opération, qui paraît assez longue quand on la décrit, se fait avec une grande rapidité dans la pratique; de telle sorte que, si l'insolation est inexacte, trop faible ou trop forte, il est facile de recommencer en passant tout simplement le cuivre à l'eau et en donnant un coup de potasse et de blanc.

Cuisson de l'image. — Comme nous venons de le voir, l'image dans cet état n'est pas fixée et ne résiste même pas à l'eau. Mais, si l'on vient à chauffer le cuivre à une certaine température, la préparation cuit et devient tellement dure et résistante aux acides, qu'à la fin de l'opération nous aurons de la difficulté à l'enlever même avec de la potasse chaude.

Voici comment on effectue cette cuisson : on place dans une cuvette en tôle, ou simplement dans le couvercle d'une boîte en fer-blanc, une certaine quantité d'alcool à brûler. On pose la planche sur le gril dont nous avons parlé, et, après avoir allumé l'alcool, on promène la plaque de cuivre au-dessus de la flamme, bien régulièrement, jusqu'à ce que les bords qui ont été préalablement nettoyés avec un chiffon humide, pour enlever la préparation, laissent voir la coloration irisée des oxydes de cuivre. La température suffisante à la cuisson est alors atteinte et l'on doit arrêter l'opération.

Comme nous le verrons par la suite, si l'on opère sur du zinc, pour la Photogravure par exemple, on n'a pas la ressource des colorations des oxydes pour guider la cuisson. On emploie alors de la soudure de plombier, dont on place un petit morceau à chaque coin de la planche, et dès qu'on les voit entrer en fusion, la température est atteinte.

On place alors le cuivre sur une pierre lithographique ou sur une grande plaque de fonte, de manière à obtenir le refroidissement, et pour éviter une déformation de la planche, on appuie sur deux bords opposés avec deux morceaux de bois; cette simple pression maintient le cuivre dans la forme plane primitive.

Il faut maintenant que la planche reçoive un grain de résine avant d'être mordue.

Grainage de la planche. Cuisson du grain. — La planche ainsi cuite est laissée à refroidir, comme nous l'avons dit, sur la pierre lithographique ou sur la plaque de fonte. On fait alors tourner la boîte à résine et l'on attend le temps nécessaire déterminé par des essais précédents, pour que le grain soit assez fin. On place alors le cuivre sur une plaque de verre et on l'introduit dans la boîte. On attend que le grain qu'on veut obtenir se soit déposé, ce qui arrive au bout d'un temps facile à déterminer par des expériences préalables, et l'on retire la planche. A sa sortie de la boîte, le cuivre doit encore porter l'image parfaitement visible, saupoudrée d'un grain très fin, assez compact cependant et tout à fait régulier. Si le grain ne paraît pas suffisant, s'il est trop gros, s'il y a des paquets de résine en certains points, on passe un blaireau à la surface de la planche et l'on graine à nouveau. Cette opération dure en général une dizaine de minutes, tout compris. Elle peut durer plus ou moins, suivant la disposition adoptée pour la boîte à résine.

Si le grain est jugé bon, il ne reste plus alors qu'à le cuire. On procède comme il a été dit. On place le cuivre sur le gril au-dessus d'une large flamme d'alcool, en promenant la plaque bien régulièrement jusqu'à ce que la résine, par un commencement de fusion, prenne une couleur ambrée. A ce moment on retire le gril de la flamme et l'on pose le cuivre sur la pierre ou la plaque de fonte pour le laisser refroidir. Il est prêt alors pour la morsure.

Pour protéger les marges et le dos, on borde l'image avec une dissolution épaisse de bitume dans la benzine. On passe aussi cette dissolution sur le derrière de la plaque et l'on attend que la benzine soit évaporée, ce qui a lieu en quelques instants.

Préparation du perchlorure de fer. Morsure. — La morsure se fait à l'aide de perchlorure de fer.

Le perchlorure de fer $Fe^2 Cl^6$ prend naissance lorsqu'on fait passer un courant de chlore sur de la tournure de fer chauffée au rouge dans un tube de verre ou de porcelaine. Les deux corps se combinent avec incandescence et, si le chlore est en excès, on obtient du chlorure ferrique sous forme d'un sublimé cristallin, noir brillant.

Ce corps est très soluble dans l'eau et forme une solution d'un brun jaune. On obtient celle-ci en dissolvant de l'oxyde de fer, par exemple de l'hématite en poudre, dans l'acide chlorhydrique, ou encore en faisant passer un courant de chlorure dans une solution de chlorure ferreux.

On le trouve dans le commerce à l'état solide sous forme de morceaux de couleur jaune verdâtre, assez solubles dans l'eau. On le vend aussi à l'état liquide.

Mais, quel que soit le perchlorure que l'on achète, il faut bien être certain que jamais on n'obtiendra de bons résultats de morsure avec le perchlorure du commerce. Un certain nombre d'auteurs ont recommandé d'additionner la solution d'un peu d'acide chlorhydrique pour activer la morsure, mais ceci n'est qu'un palliatif, et le meilleur parti à prendre est de fabriquer son perchlorure soi-même, ce qui est facile et donne toujours de bons résultats.

Voici comment on opère. Dans une terrine assez vaste on place des clous, des pointes de Paris, puis on verse sur ce fer un mélange d'acides chlorhydrique et azotique dans les proportions habituelles de l'eau régale.

Il faut opérer en plein air, parce que, quelques instants après que les acides sont en contact avec le fer, il se dégage des torrents de vapeurs d'acide hypoazotique très délétères.

On remue la masse de temps en temps et, s'il en est besoin, on élève un peu la température pour faciliter la réaction, mais cela n'est pas nécessaire en général.

On obtient de cette façon un liquide jaune brun, assez épais, qui se compose en majeure partie de perchlorure de fer, puis d'azotate de fer, puis d'acides libres en petite quantité, etc. Il est excellent pour l'usage de l'Héliogravure, et, quoique moins pur, bien supérieur à ceux du commerce.

Quoi qu'il en soit, le perchlorure dont on se servira pour la morsure doit marquer au moins 45° à l'aréomètre de Baumé. Il est à noter, en effet, que plus le perchlorure est dense, plus l'attaque du cuivre est lente et régulière. Si l'on vient à ajouter de l'eau, l'attaque se fait avec une impétuosité nuisible au bon résultat.

Pour opérer la morsure de la planche, on se contente de passer rapidement avec une touffe de coton du perchlorure à la surface du cuivre. On pourrait le plonger dans une cuvette remplie du mordant, mais, outre que l'on perdrait ainsi beaucoup du produit, on ne suivrait pas aussi bien les progrès de la morsure.

On étend donc simplement le perchlorure à la surface avec une touffe de coton. On ne tarde pas à voir l'opération commencer. Les parties mordues, qui sont d'abord les grands noirs, puis les demi-teintes, prennent une coloration noire caractéristique. Il faut une grande habitude pour savoir à quel point il est convenable d'arrêter l'action du mordant. Il ne faut pas exagérer le creux, autrement, lors du tirage de la planche, on n'aurait pas d'homogénéité. Les grands noirs deviendraient gris, et l'épreuve aurait un aspect terne et sale. Il vaut mieux, pour commencer, s'arrêter à une petite morsure, alors qu'on s'aperçoit que tous les détails sont attaqués. On porte alors la planche sous un robinet que l'on ouvre en grand, de façon à chasser tout le perchlorure.

Nettoyage de la plaque mordue. — Lorsque tout le perchlorure a été chassé par l'eau et qu'on est ainsi certain que l'action de la morsure ne se continuera pas, on place la planche sur le fourneau à gaz et, avec la brosse en crin végétal trempée dans la potasse et dans le blanc, on frotte énergiquement de manière à enlever toute la préparation. On lave alors à l'eau, puis on verse sur la planche un peu d'eau acidulée d'acide sulfurique pour enlever l'oxyde qui s'est formé sur les bords, et peut-être même au milieu de l'image pendant le nettoyage, puis on essuie avec un linge sec, et si toutes les opérations ont été bien conduites, la planche est prête pour l'impression.

Si, après le nettoyage du cuivre, on s'aperçoit que tous les détails du positif ne sont pas sur la planche, ou que la morsure est trop légère pour permettre une impression à un certain nombre d'exemplaires, on recommence la série des opérations, sur la même planche, en repérant, comme il a été dit plus haut, à l'aide des petits repères en bronze. Il est bien rare qu'il se produise un accident dans le repérage et que la planche ne coïncide pas exactement avec le positif, lorsque toutes les dispositions ont été prises avec soin.

Tel est, dans tous ses détails, le procédé à la cendre qui donne d'excellents résultats entre des mains exercées et qui, employé comme première morsure avec une seconde morsure à la gélatine, donne aux planches d'Héliogravure une grande vigueur, une grande profondeur dans les noirs, en même temps qu'une finesse et une légèreté remarquables dans les demi-teintes.

Les débutants feront bien de se familiariser avec ce procédé avant d'aborder l'étude du procédé à la gélatine, qui est certainement plus délicat et plus difficile.

CHAPITRE XI.

Procédé à la gélatine (*un seul positif*). — La mise en place de l'image, le repérage et le nettoyage du cuivre se font dans cette méthode de la même façon que dans la précédente; nous n'y reviendrons donc pas.

Préparation de la couche sensible. — Dans un bain-marie convenable, on fait dissoudre dans 100^{gr} d'eau 10^{gr} de gélatine et, lorsque la dissolution est complète, on ajoute 2^{gr} de bichromate de potasse. On filtre, et la solution est prête pour l'usage.

Il faut avoir soin, pour cette préparation, de choisir une gélatine exempte de corps gras, parfaitement homogène et résistante. Une de celles qui donnent le meilleur résultat, c'est la gélatine Nelson. Cette gélatine, bien que d'un prix élevé, se trouve facilement dans le commerce et est certainement la plus convenable.

Quelques opérateurs se servent avec avantage des gélatines Coignet, des gélatines Drescher, Heinrichs, de Winterthur, etc., mais les insuccès sont beaucoup moins fréquents avec la gélatine Nelson que l'on lavera simplement un peu avant l'usage.

Pour cela, dans un vase gradué, on verse 100^{cc} d'eau, et l'on ajoute les 10^{gr} de gélatine indiqués par la formule. On laisse la gélatine se gonfler un peu, ce qui a lieu immédiatement avec la gélatine Nelson qui est coupée en pailles, puis on verse l'eau, on presse la gélatine, on la remet dans le vase et l'on complète les 100^{cc} d'eau.

La gélatine est ainsi débarrassée de la plus grande partie des impuretés physiques qui se trouvent à sa surface.

La solution, additionnée du bichromate de potasse, doit être bien filtrée et ne présenter aucun corps étranger flottant dans sa masse. Deux ou trois filtrations dans le bain-marie ne sont pas inutiles.

Extension de la couche sensible. — On a préparé dans un vase à bec de l'eau filtrée chaude, et l'on place le cuivre bien nettoyé entre les crochets de la tournette mobile. On verse alors l'eau chaude à sa surface. Cette eau a pour fonction de permettre à la gélatine de s'étendre régulièrement sur la planche quand on l'y versera, et en même temps elle communique au cuivre une certaine température qui maintient la solution liquide pendant tout le temps qu'on la verse sur la planche.

Si l'on se servait de la tournette fixe, on étendrait la solution à la manière du collodion, en tenant la planche de la main gauche, puis on placerait la planche sur la plaque de fonte chauffée, et on lui communiquerait un mouvement de rotation à l'aide de la manivelle. Ce mouvement, d'abord lent, irait en s'accélérant au fur et à mesure de la dessiccation de la couche.

Avec la tournette mobile, on prépare directement sur la tournette, comme nous l'avons dit, et l'on sèche au-dessus d'un fourneau à gaz. Quel que soit le système employé, la dessiccation a lieu en fort peu de temps. On s'aperçoit qu'elle est complète en passant le doigt sur le bord de la planche. Il ne doit y avoir aucune sensation de poissement. La plaque est alors prête à être exposée à la lumière.

Exposition à la lumière. — Le cuivre est placé dans le châssis derrière le positif, et exposé à la lumière en présence du photomètre. Il est bien entendu que toutes les opérations précédentes doivent être faites à l'abri de la lumière trop vive. L'insolation est ici un peu plus longue que dans le procédé à la cendre, bien qu'elle n'excède pas une quinzaine de minutes à une bonne lumière, dans le cas d'un positif assez couvert. On voit les bords de la planche prendre petit à petit une teinte brune, et par conséquent les grands blancs de l'image la prennent aussi.

Quand on juge l'insolation suffisante, on retire le châssis du jour, on le porte dans le laboratoire et l'on retire la planche. L'image n'est généralement que peu visible. On aperçoit une silhouette, ce qui est suffisant pour les opérations ultérieures.

En général, on ne cherche pas à avoir une image absolument complète du premier coup, et deux ou trois opérations sont quelquefois nécessaires pour rendre parfaitement le positif.

On pourra, par exemple, insoler d'abord de façon à obtenir les grands noirs, sans beaucoup de demi-teintes, puis reprendre ensuite la série des opérations pour obtenir les demi-teintes, ce qu'on appellera une morsure légère, ou simplement une légère. On pourra aussi mordre les grands noirs par le procédé à la cendre et faire ensuite une légère à la gélatine.

Du reste, tout cela est laissé à l'appréciation de l'opérateur, suivant le sujet représenté par le positif.

Reprenons la série des opérations.

Une fois la planche sortie de la lumière, il s'agit de la grainer. Généralement, quand le sujet est assez visible à la surface de la gélatine, on borde au bitume avant de grainer, parce qu'après le grainage on ne verrait plus rien.

On borde donc au bitume, puis on graine, toujours de la façon qui a été indiquée dans le procédé précédent.

On cuit le grain avec le gril et il s'agit de procéder à la morsure.

Morsure. — Les parties de gélatine bichromatée qui ont été fortement insolées ne se laissent pas pénétrer par le perchlorure. Au contraire, les parties qui ont été protégées, comme les grands noirs, se laissent traverser par le mordant, et le cuivre y est attaqué.

On passe le perchlorure à la surface de la planche à l'aide d'une touffe de coton, en ayant soin de procéder légèrement pour ne pas érailler la couche de gélatine qui n'est pas extrêmement dure. On voit alors, au bout de quelques instants, apparaître les grands noirs, puis les demi-teintes, puis enfin les teintes très légères. A ce moment, il faut arrêter l'action du perchlorure, ce que l'on fait à l'aide d'un fort courant d'eau à la surface de la planche. Quelques opérateurs recommandent de faire dégorger la plaque dans l'eau courante, afin d'enlever tout le bichromate non combiné. On laisse alors sécher spontanément après le dégorgement, puis on mord au perchlorure. Ce mode d'opérer ne semble pas présenter d'avantages bien marqués sur le précédent. En effet, la présence d'un peu de bichromate libre ne gêne en rien la morsure, et l'action du perchlorure est la même dans les deux cas. Il faut seulement avoir la précaution de ne pas mordre en pleine lumière, de peur que l'action du jour ne vienne insolubiliser en partie la gélatine, mais comme elle est mouillée par le perchlorure, cela n'est pas à craindre.

Quand on juge que la morsure a été poussée assez loin, dans les deux ou trois opérations faites pour obtenir les différentes valeurs du positif, on nettoie la planche, d'abord à l'eau très chaude pour enlever la gélatine, puis à la potasse et au blanc, et l'on essuie avec un linge sec. Sauf les retouches et l'aciérage, dont nous parlerons plus loin, la planche est prête pour l'impression.

Comme on vient de le voir par la description que nous avons donnée, on ne se sert que d'un seul positif dans ce procédé. Dans quelques ateliers on emploie trois positifs.

Procédé à la gélatine avec trois positifs. — On commence d'abord par tracer sur les marges du dessin à reproduire, ou sur le négatif, deux croix très fines placées l'une au-dessus, l'autre au-dessous du dessin. On procède alors suivant la méthode du positif à la chambre et l'on fait un premier positif un peu heurté, dans lequel il n'y a que les grands noirs et les blancs ; les demi-teintes et les teintes légères font défaut.

Sans bouger l'appareil, on fait un second positif dans lequel sont venues les demi-teintes. Enfin, on en fait un troisième qui est plutôt trop posé, et dans lequel les dernières finesses de l'original apparaissent.

On prépare alors la planche comme nous l'avons indiqué dans la méthode précédente, sauf pour le repère qui s'indiquera tout seul.

On suit la série ordinaire des opérations, et l'on a une planche sur laquelle, après la morsure, on ne distingue que les grands noirs, peu mordus du reste, et les croix qui serviront de repères.

On prépare alors la planche à nouveau à l'aide de la solution de gélatine bichromatée, puis on insole sous le second positif, en repérant exactement les croix à l'aide d'une loupe. Avec un peu d'habitude ce repérage se fait très bien.

On pratique une seconde morsure, puis une troisième avec le dernier positif, et la planche est alors terminée.

Ce procédé donne d'excellents résultats. Il faut seulement prendre l'habitude de faire des positifs bien différents et offrant nettement les trois phases que nous avons indiquées.

CHAPITRE XII.

Procédé au charbon. — Ce procédé, qui est surtout précieux dans le cas de la typogravure, peut rendre de grands services en Héliogravure. Voici comment on opère.

On prend une feuille de papier au charbon sensibilisé, et on la place derrière le positif. On expose à la lumière, et l'on obtient ainsi une image négative latente. On procède comme si l'on voulait développer le charbon sur le cuivre, et en effet on l'y développe, à l'eau chaude, par les moyens ordinaires. On a ainsi sur le cuivre un négatif très fouillé, et on laisse sécher spontanément. La planche est alors prête à être grainée. On la passe à la boîte à résine de la façon ordinaire, on cuit le grain, on laisse refroidir, on borde, ce qui est très facile puisqu'on voit distinctement l'image, puis on procède à la morsure. On obtient de cette façon une planche du premier coup.

Nous aurons à revenir sur cette méthode à propos de la typogravure. Voici maintenant un procédé qui donne des résultats superbes, bien qu'il soit le plus long de ceux que nous avons exposés jusqu'à présent.

Procédé galvanoplastique. — Voici le principe sur lequel est fondée cette méthode. On fait agir la lumière sur une couche de gélatine bichromatée, puis on immerge la couche insolée dans l'eau chaude contenant de l'ammoniaque. Partout où la lumière a agi, les parties par elle atteintes ne peuvent, comme celles qui les entourent et où n'est pas parvenue la lumière, absorber de l'eau et rester unies; elles sont soulevées par la couche de gélatine sous-jacente, susceptible, elle aussi, de se gonfler, et il en résulte une contraction plus ou moins grande, suivant que la lumière a agi avec plus ou moins d'intensité; de là résulte une sorte de vermiculé, un dépoli qui, nul dans les parties non actionnées par la lumière, va s'accroissant graduellement jusqu'aux grands noirs du positif.

Cette pellicule, une fois sèche et séparée de son véhicule provisoire, est soumise à un cylindrage énergique contre une feuille mince d'étain, dont la contre-épreuve galvanique, complétée dans certains cas par quelques retouches, permet d'obtenir de magnifiques tirages en taille-douce.

Voici maintenant quelques détails.

Sur une plaque de verre ou de glace bien nettoyée et talquée, on verse la solution de gélatine bichromatée. Cette solution se compose de :

Eau	100cc
Gélatine Nelson..............	10gr
Bichromate de potasse	2 à 3

La quantité de bichromate est variable suivant la saison, cependant, en général, on obtient de bons résultats avec 2gr,50 pour 100 d'eau. On insole la plaque sous le positif, et après l'exposition on la plonge dans un mélange de :

Eau chaude 40° C...............	100cc
Ammoniaque....................	10

Une fois la réticulation obtenue, on laisse sécher spontanément. Jusqu'ici, nous rentrons à peu près dans le procédé Woodbury.

On sait que la méthode Woodbury consiste en ceci :

On se procure d'abord un relief en gélatine, si l'on peut nommer ainsi ce qui constitue moins un relief appréciable qu'une agrégation à peine sensible de matières en poudre très fine, et voici comment.

Une glace, légèrement enduite de cire, est recouverte d'une couche de collodion normal, de la manière ordinaire; par-dessus celle-ci on verse une mixtion de gélatine et de bichromate de potasse, contenant en suspension une certaine quantité de verre pilé, d'émeri broyé très fin ou de charbon. Lorsque cette couche est sèche, on l'enlève de la glace et on l'expose du côté du collodion, sous un cliché. Après une exposition suffisante, on l'applique temporairement sur une plaque de verre, au moyen d'une solution de caoutchouc, et on la lave à l'eau chaude. Après le développement, on détache de nouveau de la glace la couche portant maintenant une image en relief.

Ce mot de relief n'est pas tout à fait exact, car, dans l'image obtenue ainsi, les grands clairs sont représentés par une surface lisse, et les ombres par un grain ou pointillé plus ou moins serré, constitué par la matière granuleuse emprisonnée dans la gélatine, impressionnée elle-même à divers degrés par la lumière.

Pour transporter ce grain ou pointillé si délicat sur une plaque métallique, il n'y a pas d'autre moyen que de recourir à la presse hydraulique. Si l'on voulait y parvenir au moyen de l'électrotypie, toute la beauté du cliché serait perdue; le gonflement de la gélatine ferait disparaître l'effet du pointillé, car jusqu'ici l'on ne connaît aucune méthode efficace pour durcir la gélatine de façon à l'empêcher de gonfler toujours un peu dans l'eau. Au contraire, une forte pression de la couche sur un métal mou en reproduit toute la délicatesse, et cette empreinte permet d'obtenir un électrotype en contre-partie, qui sert à la reproduction, par le même procédé, de nouveaux clichés qu'on a soin d'aciérer.

Dans le procédé que nous décrivons, on évite

l'emploi de la presse hydraulique. Une forte presse en taille-douce suffit.

Nous avons laissé la pellicule sécher sur le verre. On la détache après dessiccation, et on la lamine fortement en contact avec une lame d'étain sur la presse en taille-douce. La planche d'étain se moule absolument sur la gélatine, et l'on peut alors obtenir un dépôt de cuivre qui formera la couche imprimante.

On procède de la manière ordinaire pour former l'électrotype. Mais, comme le cuivre déposé doit être très fin, on opère avec un courant très faible, et alors il faut compter de quinze à vingt jours pour obtenir pour la plaque une épaisseur suffisante.

Cette méthode donne d'excellents résultats, mais exige une grande pratique de la part des opérateurs. Les retouches à faire sur les planches sont plus faciles que dans les autres procédés, en ce sens que l'aspect de la planche indique lui-même les points sur lesquels doit porter principalement l'attention du retoucheur.

CHAPITRE XIII.

De la retouche des planches d'Héliogravure. — Quel que soit le procédé employé pour la fabrication de la planche imprimante, nous la supposons terminée par les moyens photographiques et physiques, et désormais la lumière n'a plus rien à y faire. En cet état, à moins de bien rares exceptions, l'épreuve que l'on en tirera sera défectueuse.

Il peut d'abord se faire qu'on y rencontre quelques grains marqués en noir ou en blanc, et provenant d'impuretés physiques de la gélatine, du papier au charbon, du positif, etc. On peut aussi trouver que certains noirs ne sont pas assez profonds, que certaines parties gagneraient à être un peu éclaircies, etc., etc. Il est donc nécessaire d'exécuter quelques retouches.

Pour les lecteurs qui ne sont pas familiarisés avec la gravure, nous allons indiquer en quelques mots comment on opère.

Les outils dont on se sert sont les suivants :

Une pointe sèche, c'est-à-dire une petite tige d'acier semblable à une forte aiguille qui est généralement emmanchée dans un morceau de bois, comme un crayon, ne laissant passer que sa pointe que l'on aiguise sur une pierre, de façon à la rendre coupante.

Une ou plusieurs roulettes; la roulette est une petite molette d'acier fortement trempé, portant à sa surface des grains de dimensions différentes suivant les numéros des roulettes, et permettant de produire des creux pointillés dans les noirs que l'on veut renforcer.

Un grattoir; cet instrument est en acier, triangulaire, portant sur chaque face une rigole. Les bords sont extrêmement affilés, et l'outil ressemble assez à ce genre de limes qu'on appelle tiers-point, en supposant ce dernier poli sur les trois faces et évidé.

Des morceaux de charbon de planeur; ce charbon, extrêmement fin, taillé en biseau et mouillé, permet d'user certaines parties de la planche paraissant trop noires. Il peut servir avec avantage à rendre brillant un ciel qui a été un peu mordu par accident.

On peut aussi repolir les marges avec le charbon, et même avec un peu de potée d'émeri extrêmement fine, ou avec un peu de papier émeri déjà usé sur une plaque de cuivre et arrondi dans les coins pour ne pas produire de rayures.

On voit donc que l'on a en main tous les instruments nécessaires à la retouche d'une planche;

lorsqu'on se bornera à remettre quelques effets dans les noirs, à gratter des points accidentels et à repolir au charbon certaines parties, on n'éprouvera aucune difficulté à retoucher un cuivre. Mais, si l'on veut aller plus loin, ajouter quelques effets dans des figures, refaire pour ainsi dire certaines parties de la planche qui semblent défectueuses, il faut absolument posséder le métier de graveur, et savoir en manier les outils avec une grande habileté. On comprendra facilement que tous les conseils que nous pourrions donner sur ce sujet seraient inutiles. Il vaut mieux, dans ce cas, avoir recours à la main d'un artiste spécialiste, et il n'en manque pas à Paris.

La retouche, qui se borne quelquefois à un rebouchage, quand on reproduit un cliché d'après nature, soit paysage, soit objet matériel, etc., devient souvent très compliquée et absolument indispensable quand il s'agit de la reproduction d'un dessin au lavis, à l'aquarelle, d'un tableau, etc. Il faut alors de la part de celui qui retouche une grande habileté et un grand sens artistique, pour obtenir les effets du modèle sans s'écarter de l'intention, de la manière de l'artiste.

Nous avons vu des planches, ne donnant avant la retouche que des épreuves informes, donner après le travail du graveur des épreuves superbes et tout à fait en harmonie avec l'original.

Lorsque l'héliograveur est doublé d'un graveur

habile, il peut se contenter de mordre la planche d'une façon assez légère, et la reprendre ensuite presque entièrement à la main, ce qui produit des effets très artistiques, lorsqu'il se sert adroitement de la pointe sèche et de la roulette.

Mais, comme nous le disions plus haut, lorsque l'on reproduit des objets, par exemple pour un catalogue industriel, le procédé suffit amplement, et la retouche se borne à peu de choses.

Aciérage. — La planche terminée, retouchée et nettoyée, ne donnerait au tirage qu'un petit nombre de bonnes épreuves si l'on employait le cuivre tel qu'il est. Si, au contraire, on recouvre galvaniquement la planche d'une légère couche de fer, on donne à l'épreuve plus de finesse, et le cuivre est susceptible d'un tirage considérable. Quelques praticiens comptent qu'une planche aciérée doit donner dix mille épreuves avant un nouvel aciérage. On pourrait donc n'aciérer à nouveau que toutes les dix mille épreuves. Bien que cette évaluation nous semble exagérée, il est cependant évident qu'on peut tirer à un grand nombre avant que la planche ait besoin d'être aciérée à nouveau.

C'est en 1855 que MM. Salmon et Garnier eurent, pour la première fois, l'idée d'appliquer l'aciérage à des planches en cuivre gravé; à l'aide de ce procédé on obtint une exécution si parfaite des gravures de Calametta (*Francesca di Rimini*), de

Henriquel-Dupont, de Martinet et autres, que le succès fut immédiatement assuré. M. Jacquin, acquéreur du brevet, fut longtemps seul à la tête de cette industrie, mais aujourd'hui presque tous les imprimeurs en taille-douce de Paris possèdent un atelier d'aciérage. M. Ch. Chardon aîné, ainsi que la maison Eudes, ont organisé des ateliers spéciaux pour l'aciérage des planches, dans des conditions qui leur assurent des épreuves toujours irréprochables.

On se sert, pour arriver à l'aciérage, d'un bain de chlorure double de fer et d'ammoniaque.

Voici la manière de procéder. Dans une cuve en bois doublée de gutta-percha, on soumet à l'action d'une forte pile, formée de trois ou quatre éléments, deux plaques de fer placées aux deux pôles ; on a préparé d'autre part la solution suivante :

Eau........................	1000^{gr}
Sel ammoniac................	200

C'est cette solution dans laquelle baignent les plaques de fer. Au bout de quelques heures, la solution ammoniacale est saturée de fer et prête à servir.

On remplace alors la plaque de fer du pôle négatif par la planche à aciérer préalablement bien nettoyée, et, au bout de quelques instants, en se servant de deux piles seulement, le cuivre est recouvert d'une couche de fer bien mate.

Lorsqu'on juge, après un assez grand tirage, que la planche a besoin d'être aciérée de nouveau, on enlève le fer qui reste sur le cuivre en passant rapidement à la surface une éponge imbibée d'acide nitrique ou d'acide chlorhydrique. Le fer disparaît, et on lave rapidement à grande eau. La planche nettoyée est prête pour un nouvel aciérage. On peut renouveler cette opération autant de fois que l'on veut, ce qui empêche que la planche s'use jamais.

Il est bien entendu que si l'on veut imprimer en même temps que le sujet une légende sous la gravure, cette légende doit être gravée sur le cuivre avant l'aciérage.

CHAPITRE XIV.

Impression des planches d'Héliogravure. — L'impression des planches d'Héliogravure se fait à l'aide de la presse qui sert pour l'impression de l'eau-forte.

On se procure de l'encre spéciale pour l'impression de l'eau-forte, ou bien on la fabrique soi-même.

On nettoie convenablement le cuivre, et l'on termine en versant à sa surface quelques gouttes d'essence de térébenthine ou de benzine que l'on essuie avec soin, puis on place la planche sur une chaufferette. Cet appareil se compose d'une plaque de fonte ou de fer placée au-dessus d'un fourneau à gaz, ou tout simplement de quelques braises allumées.

On enduit, à l'aide d'un tampon spécial en étoffe, la planche avec de l'encre spéciale d'impression. Ce tampon est formé d'une bande de toile ou de coton, roulée sur elle-même à peu près comme une bande d'hôpital et présentant un manche, de telle sorte que cet outil affecte à peu près la forme d'une grosse molette en étoffe.

La planche complètement couverte d'encre, on

la laisse quelques instants sur la chaufferette, où elle prend une certaine température qui rend

Fig. 9.

l'encre plus fluide et la fait couler dans les tailles. A ce moment, on prend un tampon de mousseline spéciale, avec lequel on essuie la planche de façon à ne laisser d'encre que dans les noirs et les demi-teintes. Avec la paume de la main, que l'on peut enduire de blanc d'Espagne, on enlève l'encre qui reste encore sur les grands blancs, en ayant soin de ne pas retirer celle qui est dans les tailles. Ceci demande un tour de main qui ne s'acquiert que par l'habitude. On nettoie les marges avec du blanc et un chiffon, et la planche doit alors présenter l'épreuve dans toute sa finesse et sa beauté.

On a préparé d'autre part le papier du tirage. Ce papier est mouillé à la cuve de façon à être complètement humide quand on va s'en servir. On passe alors à sa surface une brosse mouillée, moitié douce, et la préparation est suffisante.

On place la planche sur le plateau de la presse, sur une feuille de papier mince, et l'on applique le papier du tirage à sa surface, en ayant soin de prendre garde à laisser des marges convenables. On rabat les langes de la presse, et l'on donne la pression. Cette pression sans être exagérée doit être considérable. On la règle à l'aide des cartons placés au-dessus des tourillons du cylindre supérieur. On peut et, dans la plupart des cas, on doit faire une allée et venue, c'est-à-dire faire passer deux fois la planche sous le cylindre. On relève alors les langes et l'on retire le papier en le prenant par deux coins. Toute l'encre qui se trouvait sur la planche doit être transportée sur le papier et il n'en doit point rester dans les tailles.

On voit, d'après la première épreuve ainsi obtenue,

s'il y a nécessité d'encrer plus ou moins, si la couleur de l'encre ou la fluidité conviennent au sujet et sont en rapport avec l'original, etc. On reprend la planche et l'on recommence toutes les opérations que nous avons déjà décrites pour la première épreuve.

Des papiers propres à l'impression héliographique. — Les papiers dont on se sert dans ce genre d'impression sont de deux espèces : les papiers sans colle et les papiers collés.

Les papiers sans colle sont généralement des papiers blancs d'une très bonne pâte, et d'un poids élevé à la rame. Il faut en effet que ces papiers aient du corps pour ne pas être déchirés par l'action de la presse.

Les papiers collés sont généralement des papiers de Hollande. Ils sont extrêmement solides et permettent des effets très artistiques, à cause de leur teinte jaune.

On peut également se servir de papier Japon qui prend bien toute l'encre et donne par son aspect velouté et sa teinte jaune de magnifiques épreuves.

Le papier de Chine donne aussi d'excellents résultats, mais il ne pourrait pas tirer seul. Il lui faut un support d'autre papier. On procède de la façon suivante : on coupe le chine à la grandeur de l'image et on l'applique exactement sur le sujet après l'avoir mouillé. Puis on place au-dessus une feuille de papier sans colle, par exemple, et l'on donne la pression. Le chine adhère parfaitement au papier et l'on a une épreuve dans laquelle le sujet est d'une autre teinte que les marges. Cette combinaison produit ordinairement un effet très heureux.

Quel que soit le papier dont on se sert, une fois l'épreuve obtenue, on doit lui faire subir l'opération de la mise en cartons. En effet, si on l'abandonnait à la dessiccation spontanée, elle ne resterait pas plane, et l'on aurait une image plus ou moins gondolée et d'un aspect désagréable. On la place donc entre deux cartons épais, et on la laisse sécher dans cet état. Ce séchage dure quelques heures. Quand on retire les épreuves des cartons, on nettoie les marges s'il y a lieu, et l'on enlève une partie du foulage donné au papier par la presse, à l'aide d'un coupe-papier en bois que l'on passe sur le dos, ou même à l'aide d'une presse à laminer. Les épreuves sont alors prêtes à être livrées au commerce.

Un ouvrier exercé peut tirer dans sa journée une centaine d'épreuves de dimensions ordinaires, 30×40 par exemple. Plus le format est grand, plus on comprend qu'il faille de temps pour l'encrage, et par conséquent le tirage est de plus en plus restreint.

Impression en plusieurs couleurs. — Il est quelquefois nécessaire de tirer des épreuves en plusieurs couleurs, soit qu'on ait à reproduire des gravures anciennes qui portent elles-mêmes différentes colorations, soit que l'effet artistique l'exige.

Pour cela, on fabriquera plusieurs planches, portant chacune la couleur que l'on veut imprimer et armées chacune de repères bien exacts pour permettre plusieurs tirages successifs coïncidant parfaitement. Pour arriver à ce résultat, on peut, ou bien silhouetter sur le cliché les parties qui ne doivent pas être mordues sur la première planche et ainsi de suite pour les autres, ou bien employer le procédé qui consiste à faire des clichés d'après chaque couleur. On interpose entre l'objectif et l'objet, ou la gravure, un verre bleu qui ne donnera passage qu'aux rayons bleus, un verre rouge, etc. (procédé Ducos de Hauron), puis on fera par-dessus le tout une épreuve en noir, s'il y a lieu. L'aspect du sujet à reproduire guidera l'opérateur pour le choix de sa méthode.

On fera alors autant de planches qu'il y a de couleurs, et on les tirera en repérage avec beaucoup de soins. On pourra ainsi obtenir des épreuves en plusieurs couleurs.

Il existe encore une autre méthode, qui donne des résultats merveilleux, mais qui est fort délicate. C'est celle dont on se sert dans la maison Goupil pour la reproduction d'aquarelles et de tableaux.

On encre la plaque de cuivre avec les encres de différentes couleurs, en ayant sous les yeux l'original à reproduire, et en plaçant chaque teinte à la place exacte qu'elle occupe dans l'aquarelle ou le tableau. Cela est relativement facile, parce que la planche indique l'endroit exact où l'on doit mettre telle ou telle teinte. Cependant on se rendra compte que cette opération de l'encrage ainsi comprise exige une certaine habileté de la part de l'imprimeur. Aussi, un bon ouvrier ne peut-il guère imprimer plus de deux ou trois épreuves par jour. Mais comme leur prix est fort élevé, ce travail est encore très rémunérateur.

Quand l'épreuve a été bien faite, il est difficile de distinguer la copie de l'original, à une certaine distance, surtout lorsque l'on emploie des papiers pareils à ceux des aquarelles. Par exemple, du papier Whatmann torchon, lorsque l'original a lui-même été fait sur ce papier, etc., tout le monde peut voir des reproductions d'aquarelles de Leloir, de Detaille, des marines italiennes, etc., qui sont de véritables chefs-d'œuvre en ce genre. Mais, comme nous le disions plus haut, il faut une véritable habileté de la part de l'imprimeur pour arriver à des résultats aussi merveilleux.

CHAPITRE XV.

Application des procédés héliographiques à la mise en place du travail des graveurs et aqua-fortistes. — On a vu qu'il était facile, à l'aide d'une couche de gélatine bichromatée, d'obtenir sur une planche de cuivre, la reproduction exacte d'un positif quelconque. Mais, dans bien des cas, pour une quantité de publications, les éditeurs préfèrent avec raison l'interprétation de l'artiste à la reproduction brutale de la Photographie et par suite de l'Héliogravure. En général, le travail à la pointe sèche, au burin ou à l'eau forte est un travail de longue haleine, et telle planche que nous pourrions citer a demandé des mois et quelquefois des années de travail à l'artiste. En utilisant les moyens que la Photographie et l'Héliogravure mettent entre nos mains, il serait facile d'abréger ce travail de plus des trois quarts, sans nuire à l'effet artistique obtenu.

De même que les graveurs sur bois ne se font pas scrupule aujourd'hui de faire reporter une photographie à la surface de leur bloc de bois, les graveurs en taille-douce et les aqua-fortistes peuvent de la même façon faire mettre en place leur travail par les procédés d'Héliogravure.

Je suppose, en effet, qu'il s'agisse de faire un portrait ou une vue à l'eau-forte. Je commence par prendre une photographie de la personne ou du paysage. J'en tire d'abord une épreuve sur papier salé, que je me contente de fixer à l'hyposulfite sans la virer.

Ceci fait, je donne cette épreuve à l'artiste, qui, à l'aide d'encre de Chine, dessine à la plume sur cette photographie, sans pousser trop loin son dessin s'il le veut, mais de façon à obtenir déjà à la surface de la feuille de papier salé une interprétation complète de la tête ou du paysage, analogue à celle qu'il obtiendrait sur son cuivre avant la première morsure.

Il prend alors ce dessin recouvrant la photographie, et fait disparaître cette dernière en plongeant le papier salé dans une solution de bichlorure de mercure dans l'eau additionnée d'un peu d'alcool. Voici comment se fait cette liqueur : On fait dissoudre 10^{gr} de bichlorure de mercure dans 100^{gr} d'alcool, puis on ajoute 250^{gr} d'eau. Le papier salé passé dans cette liqueur ressort entièrement blanc, ne portant plus que le dessin à l'encre de Chine, la photographie a complètement disparu. Si l'on préférait se servir d'une épreuve virée, il faudrait employer pour la faire disparaître une dissolution de cyanure de potassium dans l'eau. Le résultat serait le même. On lave alors le dessin à grande eau, et l'on fait sécher.

Je tire alors un cliché d'après le dessin à l'encre de Chine, et j'en fais un positif par les méthodes indiquées plus haut. A l'aide de la gélatine bichromatée, je transporte ce dessin sur une planche de cuivre, en ayant soin de faire mordre excessivement peu. Comme ici on a affaire à du trait, la morsure se fait presque partout à la fois, et l'on peut arrêter l'action du perchlorure quand on le désire.

On a donc ainsi une planche légèrement gravée, portant tous les détails du dessin de l'artiste, et obtenue en fort peu de temps. Il ne reste plus qu'à employer les procédés ordinaires de la gravure pour compléter la planche. Comme il ne s'agit plus ici que de finir l'épreuve, il est évident qu'il y aura une grande économie de temps, et d'un autre côté, la planche terminée, tout le travail héliographique aura disparu sous le travail à la main, et l'aspect de l'épreuve sera tout aussi artistique que si le graveur avait eu à faire d'abord son dessin, à le décalquer sur son cuivre et à le graver ensuite.

Il peut même se faire qu'il y ait parfois avantage à laisser subsister la teinte photographique sous le travail à la plume, et, dans ce cas, la planche livrée par l'Héliogravure est beaucoup plus avancée que dans l'exemple précédent, puisqu'elle porte déjà une partie des noirs et des demi-teintes.

Il est évident qu'on pourrait tirer un grand parti de cette méthode; cela a même déjà été fait, et nous avons vu des planches obtenues de cette façon qui, ne différant en rien des planches traitées entièrement à l'eau-forte, ont cependant épargné à leur auteur plus des trois quarts du travail.

CHAPITRE XVI.

Du Photomètre. — Il existe un très grand nombre de photomètres qui, comme ce nom l'indique, servent à mesurer l'intensité de la lumière. Les plus connus sont : le photomètre de la Cie autotype de Londres, les photomètres de MM. Lamy, Woodbury, Vidal, etc.

Nous les avons décrits en détail dans notre *Manuel pratique de Phototypie* auquel nous renvoyons le lecteur (¹).

(¹) Bonnet (A.), Chimiste, Professeur à l'Association philotechnique, *Manuel de Phototypie*. In-18 jésus, avec figures dans le texte et une planche phototypique; 1889 (Paris, Gauthier-Villars et fils).

CHAPITRE XVII.

De la Photogravure. — Comme nous l'avons vu au commencement de ce Manuel, la Photogravure diffère de l'Héliogravure, en ce sens que la planche obtenue est en relief, tandis que dans l'Héliogravure elle est en creux. Étant en relief, elle peut se tirer typographiquement, en même temps que les caractères ordinaires de l'imprimerie. Lorsqu'il s'agit de reproduire des dessins au trait, cela n'offre pour ainsi dire aucune difficulté, et le procédé est fort simple. Si l'on a affaire à des demi-teintes, cela donne lieu à de nombreuses complications. Il est en effet impossible d'imprimer simultanément avec les caractères des images à modelés continus; les modelés des images typographiques doivent être discontinus, c'est-à-dire formés par des points ou par des lignes plus ou moins larges, plus ou moins rapprochés, et séparés par des espaces absolument blancs, plus ou moins serrés, plus ou moins grands. Il y a donc nécessité absolue, pour transformer une image à modelés continus en une image typographique, de couper ce modelé continu par des points ou par des lignes, sans cependant rien enlever de l'ensemble de l'image. Il faut faire en un mot ce que fait un graveur au burin sur métal ou sur bois quand il interprète un sujet à demi-teintes fermées.

Grâce à divers artifices ingénieux, l'on arrive automatiquement à obtenir un résultat analogue et sans que le moindre rôle soit accordé à l'interprétation.

Parmi les procédés d'impression qui ont fait le plus de progrès pendant ces dernières années, on peut citer la Photogravure, qui n'en est pas encore arrivée à tout ce qu'elle peut donner, mais qui obtient cependant des résultats très remarquables.

Nous allons citer rapidement quelques-unes des méthodes dont on s'est servi pour obtenir les clichés typographiques, en ne donnant que fort peu de détails sur la plupart des procédés, ce Chapitre n'étant qu'un complément nécessaire de ce Manuel. Cependant, en se pénétrant bien des principes des méthodes employées, un opérateur intelligent pourra certainement obtenir des résultats satisfaisants.

Voici les principaux artifices employés par les photograveurs pour l'obtention des clichés typographiques en demi-teintes.

I. *Emploi d'un réseau interposé entre le négatif et la plaque sensible.* — Il est bien entendu que, quel que soit le procédé employé, on se sert toujours en Photogravure d'un négatif. Nous en avons expliqué les raisons en tête de ce Manuel. Le réseau dont il est ici question s'obtient par le croisement, soit à angle droit, soit à 45°, d'une série de lignes très fines dont on a tiré un cliché. Ces lignes sont tracées à l'aide d'une machine, soit sur une glace avec un diamant, soit sur un cuivre à l'aide d'une pointe d'acier, à raison de quatre ou six par millimètre, ce qui donne, après le croisement, 24 ou 36 divisions par millimètre carré. On peut aussi se servir d'un réseau matériel très fin.

Voici comment on opère dans ces trois cas.

S'il s'agit de lignes sur glace, on en tire un cliché, et soit qu'on le pellicule, soit qu'on le garde sur glace, au moment de l'impression de la planche préparée à la gélatine ou au procédé aux poudres, on insole la planche pendant quelques instants avec les lignes dans un sens, pendant quelques instants avec les lignes dans l'autre sens, puis enfin le cliché sur la plaque ainsi préparée. La division se fait naturellement à la morsure, qui a lieu toujours avec le perchlorure de fer préparé ainsi que nous l'avons dit.

Si l'on emploie les lignes sur cuivre, on commence d'abord par en tirer une épreuve en taille-douce sur papier bien blanc, de préférence sur papier couché, ou l'on tire un cliché et l'on utilise ce cliché comme nous venons de le dire.

Si l'on se sert d'un réseau matériel, on l'interpose

entre la planche et le cliché de façon à ce qu'il fasse la moindre épaisseur possible pour éviter les flous, ou bien encore on opère comme nous l'avons dit pour les clichés de lignes, en le pressant contre la plaque sensible avec une glace.

II. *Emploi d'un relief en gélatine par compression sur un réseau métallique.* — On forme d'abord un réseau métallique en prenant par exemple une planche épaisse en métal de caractères d'imprimerie. A l'aide d'une machine on y trace deux séries de lignes croisées, assez profondes, de manière que l'aspect de la coupe du bloc soit analogue à celui d'une petite scie, l'outil qui trace les lignes ayant la forme d'un V.

D'autre part, on insole une plaque épaisse de gélatine, et avec le développement à l'eau chaude on détermine la production d'un relief.

Ceci fait, on encre avec de l'encre de report la planche de gélatine et on la presse sur le bloc quadrillé après avoir interposé entre elle et le bloc une feuille de papier mince de report. L'image se forme par la pression, avec une division donnée par les rainures du bloc, et l'image ainsi obtenue peut être reportée sur zinc ou sur cuivre; on procède ensuite à la morsure à l'acide comme dans le gillotage.

III. *Réseau photographié dans la chambre*

noire en même temps que le sujet. — Le réseau formé sur une plaque de glace de la dimension de la chambre photographique est placé par une disposition de rainures spéciales dans l'appareil, à une très faible distance du collodion de la plaque qui doit faire le cliché. On pose comme d'habitude, et au développement on s'aperçoit que le cliché est parfaitement divisé. Il ne reste plus alors qu'à imprimer le cliché tel que sur la planche et à faire mordre.

Un industriel de Winterthur (Suisse) a eu l'idée d'incorporer dans ses plaques au gélatinobromure un réseau ou un grain très fin. De cette façon, on n'a pas à se préoccuper de diviser le cliché. Il sort tout préparé du développement. L'idée était ingénieuse, mais il ne semble pas que ces plaques aient donné les résultats qu'il se croyait en droit d'en attendre.

Il est en effet probable que la texture du grain ou du quadrillé devait dépendre un peu du développement, et il eût été nécessaire de pouvoir procéder au développement du cliché indépendamment de celui du quadrillé, et inversement. La chose n'étant pas possible, les plaques ne devaient donner de bons résultats que dans certains cas particuliers.

Quoi qu'il en soit, nous avons vu de très beaux spécimens de paysage obtenus par ce procédé. Tiraient-ils facilement en typographie? C'est là le grand point, et c'est ce que nous n'avons pas pu vérifier.

IV. *Compression d'un relief en gélatine sur papier quadrillé blanc.* — On trouve dans le commerce un papier quadrillé, dont les lignes sont formées par une sorte de gaufrure en relief, permettant de dessiner à l'encre de Chine et d'avoir ainsi une image qui, reproduite à la chambre, est suffisamment divisée pour pouvoir être reproduite sur zinc ou sur cuivre par le gillotage.

Si l'on se procure un relief en gélatine de l'image à reproduire, par les procédés connus, on pourra encrer ce relief et le comprimer ensuite sur le papier quadrillé blanc. L'image ainsi obtenue sera divisée et facile à reporter sur zinc ou sur cuivre pour y être mordue par les procédés ordinaires.

V. *Utilisation de la réticulation naturelle de la gélatine.* — On pourra réticuler une image en gélatine, comme nous l'avons indiqué à propos du procédé d'Héliogravure galvanoplastique et en faire ensuite un report que l'on mordra.

VI. *Décalque d'une phototypie sur papier quadrillé blanc.* — Quelques opérateurs ont employé un report phototypique sur papier quadrillé blanc. En effet, les modelés de la Phototypie étant continus, sont divisés par le quadrillage en relief du papier, et l'on obtient par une reproduction à la chambre un cliché que l'on insolera directement sur la planche préparée. On fera mordre et l'on aura le cliché typographique.

Nous avons donné pour mémoire tous ces procédés qui peuvent fournir de belles épreuves dans certains cas particuliers, mais qui ne sont pas industriels en général. Nous allons décrire avec un peu plus de détails un des derniers procédés employés, qui donne facilement et avec certitude d'excellents résultats. Les planches sont très belles et faciles à tirer, pour un imprimeur exercé. Car il faut toujours tenir compte de ceci, qu'une planche typographique représentant un tableau, un paysage, une reproduction de dessin, ou en général une image très fouillée, très détaillée, ne peut pas être imprimée par le premier venu. Le relief n'est pas assez considérable pour qu'on puisse tirer comme sur du caractère. Il faut une *mise en train* très soignée et beaucoup d'intelligence mêlée de goût artistique pour que l'imprimeur obtienne les épreuves qu'on est en droit d'attendre d'une planche. Depuis quelques années, les efforts d'un certain nombre de maisons de typographie leur ont permis d'obtenir d'excellentes épreuves avec un tirage relativement facile.

Voici donc ce procédé :

VII. *Procédé au grain de bitume sur épreuve au charbon.* — Ce procédé se rapproche beaucoup de celui que nous avons donné à propos de l'Héliogravure au charbon.

On emploie naturellement un négatif, et l'on opère sur cuivre, la morsure et le tirage étant beaucoup plus faciles sur ce métal.

On se sert de papier au charbon, comme celui que nous avons indiqué, et on le sensibilise de même à 3 pour 100 de bichromate. On tire une épreuve positive que l'on développe sur le cuivre, puis on laisse sécher spontanément.

On a remarqué qu'un quadrillé donnait à l'image un aspect peu agréable et peu artistique. On a, pour remédier à cet inconvénient, substitué un grain aux lignes croisées. Généralement, et dans le principe, il était difficile d'obtenir une planche à tirage facile avec un grain, parce que la morsure trop faible ne donnait pas assez de relief [1], et alors le papier portait dans les creux, ce qui produisait une épreuve grise, sans vigueur et teintée partout. Mais, par le procédé au grain de bitume, on obtient des résultats satisfaisants en opérant de la manière que nous allons indiquer.

---

[1] C'est en effet un principe, en morsure typographique, que l'on ne peut faire mordre en profondeur que la largeur du trait à laisser en relief. Ici le trait étant représenté par un point, on ne peut donc mordre plus profondément que ce point n'est large.

Quand la planche de cuivre porte l'image au charbon, les noirs du sujet sont représentés par une gélatine imperméable aux liquides, et par conséquent le relief de la planche imprimante est préservé. Les blancs, au contraire, qui doivent être creusés, n'offrent qu'une pellicule de gélatine facilement perméable.

On a préparé dans le laboratoire, et dans un endroit sec, une boîte à résine bien étudiée, dans laquelle on a placé, non plus de la résine de copal, mais une poudre très fine de bitume de Judée. Cette poudre est répandue à la surface des planches par le procédé de grainage ordinaire; c'est elle qui donnera, par son grain, la division du cliché.

Le bitume bien distribué dans la boîte à grainer, on fait cuire la planche sur le gril dont nous avons parlé. Il faut éviter de cuire trop, pour ne pas faire couler le bitume qui produirait ainsi, à la surface de la planche, un vernis imperméable et empêcherait toute attaque ultérieure. On s'aperçoit du reste que la cuisson est suffisante à l'aspect que prend la planche.

On laisse refroidir, et l'on borde avec une dissolution épaisse de bitume dans la benzine. Ceci fait, il ne s'agit plus que de mordre. On recouvre le dos du cuivre de la même solution de bitume. On place alors la planche dans une cuvette de porcelaine contenant préalablement du perchlorure de fer à un bon degré de concentration.

La morsure se fait alors lentement, et l'on en suit facilement les progrès. Lorsqu'on la juge suffisante, on retire la planche, on la lave à grande eau sous le robinet, et l'on enlève le bitume restant avec de la benzine.

Il suffit alors de scier la planche à la scie à métaux pour enlever les marges autour du sujet, et on la monte avec de petits clous sur un bloc de bois, de manière à ce que l'épaisseur définitive du cliché de Photogravure corresponde exactement à la hauteur généralement adoptée en typographie pour les caractères. La planche est alors bonne pour le tirage.

Ce procédé donne de très belles épreuves, très fines, très fouillées, très harmonieuses et d'un grand effet artistique. Le spécimen que nous donnons ici a été fait par ce procédé.

La retouche des planches typographiques s'exécute de la même façon que pour les planches en Héliogravure, mais avec une grande sobriété.

Lorsqu'on emploie le procédé aux poudres pour les dessins au trait, il faut, après la cuisson de la planche, la passer à une solution de bitume dans la benzine, solution très faible.

Benzine........................	100gr
Bitume de Judée..............	1

On laisse sécher, puis on encre la planche tout entière et l'on fait *tableau noir*.

On prépare, d'autre part, une cuvette contenant

PHOTOGRAVURE

de M. Poirel.

Page 110.

Cliché Van Bosch (Boyer, successeur).

de l'eau acidulée de quelques grammes d'acide chromique. On y plonge la plaque encrée, et l'on promène à sa surface un pinceau dit *queue de morue*. Au fur et à mesure que le pinceau passe sur la planche, toutes les parties préservées de la lumière abandonnent leur encre, et le dessin apparaît sur le fond blanc du zinc parfaitement encré et avec tous ses détails. Lorsque les fonds sont absolument clairs et le dessin entièrement net, on passe la planche à l'eau et à l'acide azotique ou chlorhydrique très étendu, et la planche peut alors être préparée et tirée lithographiquement ou bien mordue par gillotage.

Il existe encore un nombre considérable de procédés soit d'Héliogravure, soit de Photogravure. Ce ne sont que des variantes ou des combinaisons de ceux que nous avons donnés, les uns avec les autres. Un opérateur actif et intelligent trouvera, dans la momenclature des méthodes citées plus haut, le moyen de rendre en creux ou en relief tous les détails et l'aspect artistique des originaux les plus délicats.

FIN.

TABLE DES MATIÈRES.

CHAPITRE VI.

CHAPITRE VII.

CHAPITRE VIII.

CHAPITRE IX.

CHAPITRE X.

CHAPITRE XI.

FIN DE LA TABLE DES MATIÈRES.

Paris. — Imp. Gauthier-Villars et fils, 55, quai des Grands-Augustins

LIBRAIRIE GAUTHIER-VILLARS ET FILS,
QUAI DES GRANDS-AUGUSTINS, 55, A PARIS.

CATALOGUE

DE PHOTOGRAPHIE.

Abney (le capitaine), Professeur de Chimie et de Photographie à l'École militaire de Chatham. — *Cours de Photographie.* Traduit de l'anglais par LÉONCE ROMMELAER. 3e éd. Gr. in-8, avec planche photoglyptique; 1877. 5 fr.

Agle. — *Manuel pratique de Photographie instantanée.* In-18 jésus, av. nombr. fig. dans le texte; 1887. 2 fr. 75 c.

Aide-Mémoire de Photographie pour 1889, publié sous les auspices de la Société photographique de Toulouse, par C. FABRE. Quatorzième année, contenant de nombreux renseignements sur les procédés rapides à employer pour portraits dans l'atelier, les émulsions au coton-poudre, à la gélatine, etc. In-18, avec fig. et spécimen.

Broché .... 1 fr. 75 c.
Cartonné .... 2 fr. 25 c.

Les volumes des années précédentes, sauf 1877, 1878, 1879, 1880, 1883, 1884, 1885 *et* 1886 *se vendent aux mêmes prix.*

Annuaire photographique, par *A. Davanne.* 1 vol. in-18, année 1868.

Broché .... 1 fr. 75 c.
Cartonné .... 2 fr. 25 c

Audra. — *Le gélatinobromure d'argent.* Nouveau tirage. In-18 jésus; 1887. 1 fr. 75 c.

Baden-Pritchard (H.), Directeur du *Year-Book of Photography.* — **Les ateliers photographiques de l'Europe** (Descriptions, Particularités anecdotiques, Procédés nouveaux, Secrets d'atelier). Traduit de l'anglais sur la 2e édition, par CHARLES BAYE. In-18 jésus, av. figures dans le texte; 1885. 5 fr.

On vend séparément :

Ier Fascicule : *Les ateliers de Londres* ..... 2 fr. 50 c.
IIe Fascicule : *Les ateliers d'Europe* .... 3 fr. 50 c.

Balagny (George). — *Traité de Photographie par les procédés pelliculaires.* Deux volumes grand in-8, avec figures; 1889.

On vend séparément :

Tome I : *Généralités. Plaques souples. Théorie et pratique des trois développements au fer, à l'acide pyrogallique et à l'hydroquinone* ..... 4 fr.

Tome II : *Papiers pelliculaires. Applications générales des procédés pelliculaires. Photolypie. Contretypes transparents.* 4 fr.

Balagny (George). — *L'Hydroquinone. Nouvelle méthode de développement.* In-18 jésus; 1889. 1 fr.

Batut (Arthur). — *La Photographie appliquée à la reproduction du type d'une famille, d'une tribu ou d'une race.* In-16 jésus avec 2 pl. phototypiques; 1887. 1 fr. 50 c.

Batut (Arthur). — *La Photographie aérienne par cerf-volant.* In-18 jésus, avec figures dans le texte; 1890.

Blanquart-Evrard. — *Intervention de l'art dans la Photographie.* In-12, avec une photographie; 1864. 1 fr. 50 c.

Boivin (F.). — *Procédé au collodion sec.* 3ᵉ édition, augmentée du formulaire de Th. Sutton, des tirages aux poudres inertes (procédé au charbon), ainsi que de notions pratiques sur la Photographie, l'Electrogravure et l'Impression à l'encre grasse. In-18 jés.; 1883. 1 fr. 50 c.

Bonnet, Chimiste, Professeur à l'Association philotechnique. — *Manuel de Phototypie.* In-18 jésus, avec figures dans le texte et une pl. phototypique; 1889. 2 fr. 75 c.

— *Manuel d'Héliogravure et de Photogravure en relief.* In-18 jésus, avec figures dans le texte; 1889. 2 fr. 50 c.

Bulletin de la Société française de Photographie. Grand in-8, mensuel. 2ᵉ Série, 5ᵉ année; 1889.

1ʳᵉ Série, 30 volumes, années 1855 à 1884. 250 fr.

On peut se procurer les années qui composent la 1ʳᵉ Série, sauf 1855, 1856, 1881, 1883, 1885, au prix de 12 fr. l'une, les numéros au prix de 1 fr. 50 c., et la Table décennale par ordre de matières et par noms d'auteurs des Tomes I à X (1855 à 1864), au prix de 1 fr. 50 c.

La 2ᵉ Série, commencée en 1885, continue de paraître chaque mois.

Prix pour un an : Paris et les départements. 12 fr.
Étranger. 15 fr.

Bulletin de l'Association belge de Photographie. Grand in-8, mensuel, 16ᵉ année; 1889.

Prix pour un an : France et Union postale. 27 fr.

1ʳᵉ Série, 10 volumes, années 1874 à 1883. 250 fr.

Les volumes des années précédentes se vendent séparément. 25 fr.

Burton (W.-K.). — *A B C de la Photographie moderne*, contenant des instructions pratiques sur le *Procédé sec à la gélatine.* Traduit de l'anglais par G. Huberson. In-18 jésus, avec fig.; 1889. 2 fr. 25 c.

Chardon (Alfred). — *Photographie par émulsion sèche au bromure d'argent pur* (Ouvrage couronné par le Ministre de l'Instruction publique et par la Société française de Photographie). Gr. in-8, avec fig.; 1877. 4 fr. 50 c.

— *Photographie par émulsion sensible, au bromure d'argent et à la gélatine.* Grand in-8, avec figures; 1880. 3 fr. 50 c.

Clément (R.). — *Méthode pratique pour déterminer exactement le temps de pose en Photographie*, applicable à tous les procédés et à tous les objectifs, indispensable pour l'usage des nouveaux procédés rapides. 3e édition. In-18; 1889. 2 fr. 25 c.

Colson (R.). — *La Photographie sans objectif*. In-18 jésus, avec planche spécimen; 1887. 1 fr. 75 c.

— *Procédés de reproduction des dessins par la lumière*. In-18 jésus; 1888. 1 fr.

Cordier (V.). — *Les insuccès en Photographie; causes et remèdes*. 6e édit., avec fig. In-18 jésus; 1887. 1 fr. 75 c.

Davanne. — *La Photographie. Traité théorique et pratique*. 2 beaux volumes grand in-8, avec 234 figures et 4 planches spécimens. 32 fr.

On vend séparément :

Ire Partie : Notions élémentaires. — Historique. — Épreuves négatives. — Principes communs à tous les procédés négatifs. — Épreuves sur albumine, sur collodion, sur gélatinobromure d'argent, sur pellicules, sur papier. Avec 2 planches spécimens et 120 figures dans le texte; 1886. 16 fr.

IIe Partie : Épreuves positives : aux sels d'argent, de platine, de fer, de chrome. — Épreuves par impressions photomécaniques. — Divers : Les couleurs en Photographie. Épreuves stéréoscopiques, Projections, agrandissements, micrographie. Réductions, épreuves microscopiques. Notions élémentaires de Chimie, vocabulaire. Avec 2 planches spécimens et 114 figures dans le texte; 1888. 16 fr.

— *Les Progrès de la Photographie*. Résumé comprenant les perfectionnements apportés aux divers procédés photographiques pour les épreuves négatives et les épreuves positives, les nouveaux modes de tirage des épreuves positives par les impressions aux poudres colorées et par les impressions aux encres grasses. In-8; 1877. 6 fr. 50 c.

— *La Photographie, ses origines et ses applications*. Grand in-8, avec figures; 1879. 1 fr. 25 c.

— *La Photographie appliquée aux Sciences*. Grand in-8; 1881. 1 fr. 25 c.

— *Notice sur la vie et les travaux de Poitevin*. In-8, avec figures; 1882. 75 c.

— *Nicéphore Niepce inventeur de la Photographie*. Conférence faite à Chalon-sur-Saône pour l'inauguration de la statue de Nicéphore Niepce, le 22 juin 1885. Grand in-8, avec un portrait de Niepce, en phototypie; 1885. 1 fr. 25 c.

Dumoulin. — *Manuel élémentaire de Photographie au collodion humide*. In-18 jésus, avec fig; 1874. 1 fr. 50 c.

— *Les Couleurs reproduites en Photographie*. Historique, théorie et pratique. In-18 jésus; 1876. 1 fr. 50 c.

— *La Photographie sans laboratoire* (Procédé au gélatinobromure. Agrandissement simplifié). In-18 jésus; 1886. 1 fr. 50 c.

Eder (le Dr J.-M.), Directeur de l'École royale et impériale de Photographie de Vienne, Professeur à l'École industrielle de Vienne, etc. — *La Photographie instantanée, son application aux arts et aux sciences.* Traduction française de la 2e édition allemande par O. Campo, membre de l'Association belge de Photographie. Grand in-8, avec nombreuses figures et 1 planche spécimen; 1888. 6 fr. 50 c.

— *La Photographie à la lumière du magnésium.* Ouvrage inédit, traduit de l'allemand par Henry Gauthier-Villars. In-18 jésus, avec figures; 1890. ....

Elsden (Vincent). — *Traité de Météorologie à l'usage des photographes.* Traduit de l'anglais par Hector Colard. In-8, avec figures; 1888. 3 fr. 50 c.

Fabre (C.), Docteur ès sciences. — *Traité encyclopédique de Photographie.* 4 beaux volumes gr. in-8, illustrés de nombreuses figures; 1889-1890.

Mode de publication. — Le *Traité encyclopédique de Photographie* sera publié en vingt livraisons de 5 feuilles in-8 raisin (80 pages), paraissant régulièrement le 15 de chaque mois, depuis le 15 juin 1889. Cinq livraisons forment un volume de 400 pages. La Table des matières et la couverture du volume sont envoyées avec la 5e livraison.

L'ouvrage entier (20 livraisons) se composera ainsi de quatre volumes de 400 pages. Si l'abondance des matières force à faire des livraisons supplémentaires, celles-ci seront livrées gratuitement aux souscripteurs.

Tous les trois ans, un Supplément destiné à exposer les progrès accomplis pendant cette période viendra compléter ce Traité et le maintenir au courant des dernières découvertes.

Conditions de souscription. — Le prix des 20 livraisons, c'est-à-dire des 4 volumes, est fixé pour les souscripteurs à 40 fr., payables (mandat-poste ou chèque sur Paris), savoir : 10 fr. en souscrivant, 10 fr. en recevant la 1re livraison du 2e volume, 10 fr. en recevant la 1re livraison du 3e volume, 10 fr. en recevant la 1re livraison du 4e volume,

Dès que l'Ouvrage sera complet, chaque volume se vendra séparément 15 fr.

— *La Photographie sur plaque sèche. — Émulsion au coton-poudre avec bain d'argent.* In-18 jésus; 1880. 1 fr. 75 c.

Ferret (l'abbé). — *La Photogravure facile et à bon marché.* In-18 jésus; 1889. 1 fr. 25 c.

Fortier (G.). — *La Photolithographie, son origine, ses procédés, ses applications.* Petit in-8, orné de planches, fleurons, culs-de-lampe, etc., obtenus au moyen de la Photolithographie; 1876. 3 fr. 50 c.

Geymet. — *Traité pratique de Photographie* (Éléments complets, Méthodes nouvelles, Perfectionnements), suivi d'une Instruction sur le *procédé au gélatinobromure.* 3e édition. In-18 jésus; 1885. 4 fr.

— *Traité pratique du procédé au gélatinobromure.* In-18 jésus; 1885. 1 fr. 75 c.

— *Éléments du procédé au gélatinobromure.* In-18 jésus; 1882. 1 fr.

— *Traité pratique de Photolithographie.* 3e édition. In-18 jésus; 1888. 2 fr. 75 c.

— *Traité pratique de Phototypie.* 3e édition. In-18 jésus; 1888. 2 fr. 50 c.

— *Procédés photographiques aux couleurs d'aniline.* In-18 jésus; 1888. 2 fr. 50 c.

— *Traité pratique de gravure héliographique et de galvanoplastie.* 3e édit. In-18 jésus; 1885. 3 fr. 50 c.

— *Traité pratique de Photogravure sur zinc et sur cuivre.* In-18 jésus; 1886. 4 fr. 50 c.

— *Traité pratique de gravure et d'impression sur zinc par les procédés héliographiques.* 2 volumes in-18 jésus, se vendant séparément :

Ire Partie : Préparation du zinc; 1887. 2 fr.

IIe Partie : Méthodes d'impression. — Procédés inédits; 1887 3 fr.

— *Traité pratique de gravure en demi-teinte par l'intervention exclusive du cliché photographique.* In-18 jésus; 1888. 3 fr. 50 c.

— *Traité pratique de gravure sur verre par les procédés héliographiques.* In-18 jésus; 1887. 3 fr. 75 c.

— *Traité pratique des émaux photographiques. Secrets* (tours de main, formules, palette complète, etc.) *à l'usage du photographe émailleur sur plaques et sur porcelaines.* 3e édition. In-18 jésus; 1885. 5 fr.

— *Traité pratique de Céramique photographique.* Epreuves irisées or et argent (Complément du *Traité des émaux photographiques*). In-18 jésus; 1885. 2 fr. 75 c.

— *Héliographie vitrifiable, températures, supports perfectionnés, feu de coloris.* In-18 jésus; 1889. 2 fr. 50 c.

— *Traité pratique de platinotypie, sur émail, sur porcelaine et sur verre.* In-18 jésus; 1889...... 2 fr. 25 c.

Girard (J.). — *Photomicrographie* en cent tableaux pour projections. Texte explicatif, avec 29 figures dans le texte; 1872. 1 fr. 50 c.

Godard (E.), Artiste peintre décorateur. — *Traité pratique de peinture et dorure sur verre. Emploi de la lumière; application de la Photographie.* Ouvrage destiné aux peintres, décorateurs, photographes et artistes amateurs. In-18 jésus; 1885. 1 fr. 75 c.

— *Procédés photographiques par l'application directe sur la porcelaine avec couleurs vitrifiables de dessins, photographies,* etc. In-18 jésus; 1888. 1 fr.

Hannot (le capitaine), Chef du service de la Photographie à l'Institut cartographique militaire de Belgique. — *Exposé complet du procédé photographique à l'émulsion* de WARNERCKE, lauréat du Concours international pour le meilleur procédé au collodion sec rapide, institué par l'Association belge de Photographie en 1876. In-18 jésus; 1880. 1 fr. 50 c.

Huberson.— *Formulaire de la Photographie aux sels d'argent.* In-18 jésus; 1878. 1 fr. 50 c.

— *Précis de Microphotographie.* In-18 jésus, avec figures dans le texte et une pl. en photogravure; 1879. 2 fr.

Joly. — *La Photographie pratique.* Manuel à l'usage des officiers, des explorateurs et des touristes. In-18 jésus; 1887. 1 fr. 50 c.

Journal de l'Industrie photographique, *Organe de la Chambre syndicale de la Photographie.* Grand in-8, mensuel. 10e année; 1889.

Prix pour un an : Paris, France, Étranger. 7 fr.

Les volumes des années précédentes se vendent séparément. 5 fr.

Klary, Artiste photographe. — *Traité pratique d'impression photographique sur papier albuminé.* In-18 jésus, avec figures; 1888. 3 fr. 50 c.

— *L'Art de retoucher en noir les épreuves positives sur papier.* In-18 jésus; 1888. 1 fr.

— *L'Art de retoucher les négatifs photographiques.* In-18 jésus, avec figures; 1888. 2 fr.

— *Traité pratique de la peinture des épreuves photographiques* avec les couleurs à l'aquarelle et les couleurs à l'huile, suivi de *différents procédés de peinture appliqués aux photographies.* In-18 jésus; 1888. 3 fr. 50 c.

— *L'éclairage des portraits photographiques.* 6e édition, revue et considérablement augmentée par HENRY GAUTHIER-VILLARS. In-18 jésus, avec fig.; 1887. 1 fr. 75 c.

— *Les Portraits au crayon, au fusain et au pastel obtenus au moyen des agrandissements photographiques.* In-18 jésus; 1889. 2 fr. 50 c.

La Baume Pluvinel (A. de).— *Le développement de l'image latente* (Photographie au gélatinobromure d'argent). In-18 jésus; 1889. 2 fr. 50 c.

— *Le Temps de pose* (Photographie au gélatinobromure d'argent). In-18 jésus; 1890. 2 fr. 75 c.

Le Bon (Dr Gustave). — *Les Levers photographiques et la Photographie en voyage.* 2 volumes in-18 jésus, avec figures dans le texte; 1889. 5 fr.

On vend séparément :

Ire PARTIE : Application de la Photographie à l'étude géométrique des monuments et à la topographie. 2 fr. 75 c.

IIe PARTIE : Opérations complémentaires des applications de la Photographie au lever des monuments. Levers des détails d'édifices. Construction des cartes. Levers d'itinéraires. Technique photographique. Photographie instantanée. 2 fr. 75 c.

Liesegang (Paul). — *Notes photographiques.* Le procédé au charbon. Système d'impression inaltérable. 4e édition. Petit in-8, avec figures dans le texte; 1886. 2 fr.

Londe (A.), Chef du service photographique à la Salpêtrière. — *La Photographie instantanée.* In-18 jésus, avec belles figures dans le texte; 1886. 2 fr. 75 c.

— *La Photographie dans les arts, les sciences et l'industrie.* In-18 jésus, avec spécimen; 1888. 1 fr. 50 c.

— *Traité pratique du développement.* Étude raisonnée des divers révélateurs et de leur mode d'emploi. In-18 jésus, avec figures et 5 doubles planches phototypiques; 1889. 2 fr. 75 c.

Martens (J.). — *Traité élémentaire de Photographie,* contenant le procédé au collodion humide, le procédé au gélatinobromure d'argent, le tirage des épreuves positives aux sels d'argent, le tirage des épreuves positives au charbon. In-16; 1887. 1 fr. 50 c.

Moëssard (le Commandant P.). — *Le Cylindrographe, appareil panoramique.* 2 volumes in-18 jésus, avec figures, contenant chacun une grande planche phototypique; 1889. 3 fr.

On vend séparément :

Ire Partie : *Le Cylindrographe photographique.* Chambre universelle pour portraits, groupes, paysages et panoramas. 1 fr. 75 c.

IIe Partie : *Le cylindrographe topographique.* Application nouvelle de la Photographie aux levés topographiques. 1 fr. 75 c.

— *Étude des lentilles et objectifs photographiques.* 2 vol. in-18 jésus.

On vend séparément :

Ire Partie : *Étude expérimentale complète d'une lentille ou d'un objectif photographique au moyen de l'appareil dit « le Tourniquet »,* avec figures dans le texte et une grande planche (feuille analytique). 1889. 1 fr. 75 c.

Chaque *feuille analytique* seule. 0 fr. 25 c.

IIe Partie : *Étude théorique et pratique.* (*Sous presse*).

Monckhoven (Dr Van). — *Traité général de Photographie,* suivi d'un Chapitre spécial sur le *gélatinobromure d'argent.* 8e éd., nouveau tirage. Grand in-8, avec planches et figures intercalées dans le texte. (*Sous presse.*)

Monet (A.-L.). — *Procédés de reproductions graphiques appliquées à l'Imprimerie.* Grand in-8, avec 103 figures dans le texte et 13 planches hors texte dont plusieurs en couleurs; 1888. 10 fr.

Moock. — *Traité pratique d'impression photographique aux encres grasses, de phototypographie et de photogravure.* 3e édition, entièrement refondue par Geymet. In-18 jésus; 1888. 3 fr.

Mouchez (Amiral). — **La Photographie astronomique à l'Observatoire de Paris et la Carte du Ciel.** In-18 jésus, avec figures dans le texte et 7 planches hors texte, dont 6 photographies de la Lune, de Jupiter, de Saturne, de l'amas des Gémeaux, etc., reproduites par l'héliogravure, la photoglyptie, etc., et une planche sur cuivre; 1887. 3 fr. 50 c.

Note Book, édité par l'ASSOCIATION BELGE DE PHOTOGRAPHIE. Petit in-8 cartonné; 1888. 1 fr. 25 c.

Odagir (H.). — *Le Procédé au gélatinobromure*, suivi d'une Note de MILSOM sur les clichés portatifs et de la traduction des Notices de KENNETT et du Rév. G. PALMER. In-18 jésus, avec figures. 3ᵉ tirage; 1885. 1 fr. 50 c.

O'Madden (le Chevalier C.). — *Le Photographe en voyage.* Emploi du gélatinobromure. — Installation en voyage. Bagage photographique. In-18; 1882. 1 fr.

Pélegry, Peintre amateur, Membre de la Société photographique de Toulouse. — *La Photographie des peintres, des voyageurs et des touristes. Nouveau procédé sur papier huilé*, simplifiant le bagage et facilitant toutes les opérations, avec indication de la manière de construire soi-même les instruments nécessaires. 2ᵉ tirage. In-18 jésus, avec un spécimen; 1885. 1 fr. 75 c.

Perrot de Chaumeux (L.). — *Premières Leçons de Photographie.* 4ᵉ édition, revue et augmentée. In-18 jésus, avec figures; 1882. 1 fr. 50 c.

Pierre Petit (Fils). — *Manuel pratique de Photographie.* In-18 jésus, avec figures dans le texte; 1883. 1 fr. 50 c.

— *La Photographie artistique. Paysages. Architecture. Groupes* et *Animaux.* In-18 jésus; 1883. 1 fr. 25 c.

— *La Photographie industrielle.* Vitraux et émaux. Positifs microscopiques. Projections. Agrandissements. Linographie. Photographie des infiniment petits. Imitations de la nacre, de l'ivoire, de l'écaille. Éditions photographiques. Photographie à la lumière électrique, etc. In-18 jésus; 1883. 2 fr. 25 c.

Piquepé (P.). — *Traité pratique de la Retouche des clichés photographiques*, suivi d'une *Méthode très détaillée d'émaillage* et de *Formules* et *Procédés divers.* 2ᵉ tirage. In-18 jésus, avec deux photoglypties; 1885. 4 fr. 50 c.

Pizzighelli et Hübl. — *La Platinotypie. Exposé théorique et pratique d'un procédé photographique aux sels de platine, permettant d'obtenir rapidement des épreuves inaltérables.* Traduit de l'allemand par HENRY GAUTHIER-VILLARS. 2ᵉ édit., revue et augmentée. In-8, avec figures et platinotypie spécimen; 1887.

Broché.... 3 fr. 50 c. — Cartonné avec luxe. 4 fr. 50 c.

Poitevin (A.). — *Traité des impressions photographiques;* suivi d'Appendices relatifs aux procédés usuels de *Photographie négative et positive sur gélatine, d'héliogravure, d'hélioplastie, de photolithographie, de phototypie,* *de tirage au charbon, d'impressions aux sels de fer*, etc.; par Léon Vidal. In-18 jésus, avec un portrait phototypique de Poitevin. 2e édition, entièrement revue et complétée; 1883. 5 fr.

Radau (R.). — *La Lumière et les climats.* In-18 jésus; 1877. 1 fr. 75 c.

— *Les radiations chimiques du Soleil.* In-18 jésus; 1877. 1 fr. 50 c.

— *Actinométrie.* In-18 jésus; 1877. 2 fr.

— *La Photographie et ses applications scientifiques.* In-18 jésus; 1878. 1 fr. 75 c.

Rayet (G.). — *Notes sur l'histoire de la Photographie astronomique.* Grand in-8; 1887. 2 fr.

Robinson (H.-P.). — *De l'effet artistique en Photographie. Conseils aux Photographes sur l'art de la composition et du clair obscur.* Traduct. de la 2e édition anglaise, par Hector Colard. Grand in-8, avec figures; 1885. 3 fr. 50 c.

— *La Photographie en plein air. Comment le photographe devient un artiste.* Traduit de l'anglais par Hector Colard. 2e édition. 2 volumes grand in-8; 1889. 5 fr.

Ire Partie : Des plaques à la gélatine. — Nos outils. — De la composition. — De l'ombre et de la lumière. — A la campagne. — Ce qu'il faut photographier. — Des modèles. — De la genèse d'un tableau. — De l'origine des idées. Avec figures dans le texte et 2 planches phototypiques. 2 fr. 75 c.

IIe Partie : Des sujets. — Qu'est-ce qu'un paysage? — Des figures dans le paysage. — Un effet de lumière. — Le Soleil. — Sur terre et sur mer. — Le Ciel. — Les animaux. — Vieux habits! — Du portrait fait en dehors de l'atelier. — Points forts et points faibles d'un tableau. — Conclusion. Avec figures dans le texte et 2 planches phototypiques. 2 fr. 50 c.

— *L'Atelier du Photographe.* La meilleure forme d'atelier. Fonds et accessoires. Éclairage, pose et arrangement du modèle. Traduit de l'anglais par Hector Colard, Membre de l'Association belge de Photographie. In-8, avec figures; 1888. 3 fr. 50 c.

Rodrigues (J.-J.), Chef de la Section photographique et artistique (Direction générale des travaux géographiques du Portugal). — *Procédés photographiques et méthodes diverses d'impressions aux encres grasses.* Grand in-8; 1879. 2 fr. 50 c.

Roux (V.), Opérateur. — *Traité pratique de la transformation des négatifs en positifs servant à l'héliogravure et aux agrandissements.* In-18; 1881. 1 fr.

— *Manuel opératoire pour l'emploi du procédé au gélatinobromure d'argent.* Revu et annoté par Stéphane Geoffray. 2e édition, augmentée de nouvelles Notes. In-18; 1885. 1 fr. 75 c.

— *Traité pratique de Zincographie.* Photogravure, Autogravure, Reports, etc. In-18 jésus; 1885. 1 fr. 25 c.

— *Traité pratique de gravure héliographique en taille-douce, sur cuivre, bronze, zinc, acier, et de galvanoplastie.* In-18 jésus; 1886. 1 fr. 25 c.

— *Manuel de Photographie et de Calcographie,* à l'usage de MM. les graveurs sur bois, sur métaux, sur pierre et sur verre. (Transports pelliculaires divers. Reports autographiques et reports calcographiques. Réductions et agrandissements. Nielles.) In-18 jésus; 1886. 1 fr. 25 c.

— *Traité pratique de Photographie décorative appliquée aux arts industriels.* (Photocéramique et lithocéramique. Vitrification. Emaux divers. Photoplastie. Photogravure en creux et en relief. Orfévrerie. Bijouterie. Meubles. Armurerie. Epreuves directes et reports polychromiques.) In-18 jésus; 1887. 1 fr. 25 c.

— *Formulaire pratique de Phototypie,* à l'usage de MM. les préparateurs et imprimeurs des procédés aux encres grasses. In-18 jésus; 1887. 1 fr.

— *Photographie isochromatique.* Nouveaux procédés pour la reproduction des tableaux, aquarelles, etc. In-18 jésus; 1887. 1 fr. 25 c.

Russel (**C.**). — *Le Procédé au tannin,* traduit de l'anglais par AIMÉ GIRARD. 2ᵉ éd. In-18 jésus, avec fig. 2 fr. 50 c.

Sauvel (**Ed.**), Avocat au Conseil d'État et à la Cour de cassation. — *Des œuvres photographiques et de la protection légale à laquelle elles ont droit.* In-18; 1880. 1 fr. 50 c.

Schaeffner (**Ant.**). — *Notes photographiques,* expliquant toutes les opérations et l'emploi des appareils et produits nécessaires en Photographie. 2ᵉ édition, revue et augmentée. Petit in-8; 1888. 1 fr. 75 c.

Simons (**A.**). — *Traité pratique de photo-miniature, photo-peinture et photo-aquarelle.* In-18 jésus; 1888. 1 fr. 25 c.

Tissandier (**Gaston**). — *La Photographie en ballon,* avec une épreuve photoglyptique du cliché obtenu à 600ᵐ au-dessus de l'île Saint-Louis, à Paris. In-8, avec figures; 1886. 2 fr. 25 c.

Trutat (**E.**). — *La Photographie appliquée à l'Archéologie;* Reproduction des *Monuments, Œuvres d'art, Mobilier, Inscriptions, Manuscrits.* In-18 jésus, avec cinq photolithographies; 1879. 2 fr. 50 c.

— *La Photographie appliquée à l'Histoire naturelle.* In-18 jésus, avec 58 belles figures dans le texte et 5 planches spécimens en phototypie, d'Anthropologie, d'Anatomie, de Conchyologie, de Botanique et de Géologie; 1884. 4 fr. 50 c.

Trutat (**E.**). — *Traité pratique de Photographie sur papier négatif par l'emploi de couches de gélatinobromure d'argent étendues sur papier.* In-18 jésus, avec figures dans le texte et 2 planches spécimens; 1883. 3 fr.

Viallanes (H.), Docteur ès sciences et Docteur en médecine. — *Microphotographie. La Photographie appliquée aux études d'Anatomie microscopique.* In-18 jésus, avec une planche phototypique et figures; 1886. 2 fr.

Vidal (Léon), Officier de l'Instruction publique, Professeur à l'École nationale des Arts décoratifs. — *Traité pratique de Photographie au charbon,* complété par la description de divers *Procédés d'impressions inaltérables (Photochromie et tirages photomécaniques).* 3e éd. In-18 jésus, avec une planche de Photochromie et 2 planches d'impression à l'encre grasse; 1877. 4 fr. 50 c.

— *Traité pratique de Phototypie, ou Impression à l'encre grasse sur couche de gélatine.* In-18 jésus, avec belles figures sur bois dans le texte et spécimens; 1879. 8 fr.

— *Traité pratique de Photoglyptie,* avec et sans presse hydraulique. In-18 jésus, avec 2 planches photoglyptiques hors texte et nombreuses gravures dans le texte; 1881. 7 fr.

— *Calcul des temps de pose et Tables photométriques* pour l'appréciation des temps de pose nécessaires à l'impression des épreuves négatives à la chambre noire, en raison de l'intensité de la lumière, de la distance focale, de la sensibilité des produits, du diamètre du diaphragme et du pouvoir réducteur moyen des objets à reproduire. 2e édition. In-18 jésus, avec tables; 1884.

Broché. 2 fr. 50 c. | Cartonné. 3 fr. 50 c.

— *Photomètre négatif,* avec une Instruction. Renfermé dans un étui cartonné. 5 fr.

— *Manuel du touriste photographe.* 2 volumes in-18 jésus, avec figures. Nouvelle édition, revue et augmentée; 1889 .... 10 fr.

On vend séparément.

Ire Partie : Couches sensibles négatives. — Objectifs. — Appareils portatifs. — Obturateurs rapides. — Pose et Photométrie. — Développement et fixage. — Renforçateurs et réducteurs. — Vernissage et retouche des négatifs. 6 fr.

IIe Partie : Impressions positives aux sels d'argent et de platine. — Retouche et montage des épreuves. — Photographie instantanée. — Appendice indiquant les derniers perfectionnements. — Devis de la première dépense à faire pour l'achat d'un matériel photographique de campagne et prix courant des produits. 4 fr.

— *La Photographie des débutants.* Procédé négatif et positif. In-18 jésus, avec figures dans le texte; 1886. 2 fr. 50 c.

— *Cours de reproductions industrielles. Exposé des principaux procédés de reproductions graphiques, héliographiques, plastiques, hélioplastiques et galvanoplastiques.* In-18 jésus. 3 fr. 50 c.

Vieuille (G.). — *Nouveau guide pratique du photographe amateur.* 2e édition, entièrement refondue. In-18 jésus; 1889.................................. 2 fr. 75 c.

Vogel. — *La Photographie des objets colorés avec leurs valeurs réelles.* Traduit de l'allemand par HENRY GAUTHIER-VILLARS. Petit in-8, avec figures dans le texte et 4 planches ; 1887.
Broché.... .... 6 fr. | Cartonné avec luxe. 7 fr.

(Novembre 1889.)

L'ASTRONOMIE

REVUE MENSUELLE

D'ASTRONOMIE POPULAIRE, DE MÉTÉOROLOGIE

ET DE

PHYSIQUE DU GLOBE,

PUBLIÉE PAR

CAMILLE FLAMMARION,

AVEC LE CONCOURS DES PRINCIPAUX ASTRONOMES FRANÇAIS ET ÉTRANGERS.

La **Revue** paraît le 1er de chaque mois, depuis le 1er mars 1882, par numéro de 40 pages grand in-8, avec nombreuses figures. Elles forment à la fin de chaque année un beau volume de 500 pages environ.

Prix pour un an (12 *numéros*) :

Paris : **12** fr. — **Départements** : **13** fr. — Étranger : **14** fr

Prix du numéro : **1** fr. **20** c.

Prix des années parues :

TOME Ier, 1882 (10 nos, avec 134 figures).
Broché............ **10** fr. | Relié avec luxe... **14** fr.

TOMES II à VII, 1883-1888 (avec 150 à 170 figures).
Broché............ **12** fr. | Relié avec luxe... **16** fr.

Un numéro est envoyé gratuitement comme spécimen.

La **Revue** a pour but de tenir tous les amis de la Science au courant des découvertes et des progrès réalisés dans l'étude générale de l'Univers. Elle donne, au jour le jour, le tableau vivant des conquêtes rapides et grandioses de la plus belle et de la plus vaste des Sciences, l'état du ciel et les observations les plus intéressantes à faire, soit à l'œil nu, soit à l'aide d'instruments de moyenne puissance. Chaque numéro est illustré de nombreuses figures explicatives sur les grands phénomènes célestes. Absolument correcte au point de vue scientifique, la Revue est néanmoins populaire, et ses rédacteurs suivent la voie de M. Camille Flammarion qui a toujours su présenter la Science sous une forme agréable ; aussi peut-on dire que sa lecture est aussi intéressante pour les gens du monde que pour les savants.

15676 Paris. — Imp. GAUTHIER-VILLARS ET FILS, Quai des Grands-Augustins, 55.

www.ingramcontent.com/pod-product-compliance
Ingram Content Group UK Ltd.
Pitfield, Milton Keynes, MK11 3LW, UK
UKHW021108290826
14628UKWH00014B/1161

9 782019 681753